极点对称模态分解方法
——数据分析与科学探索的新途径

王金良 李宗军 著

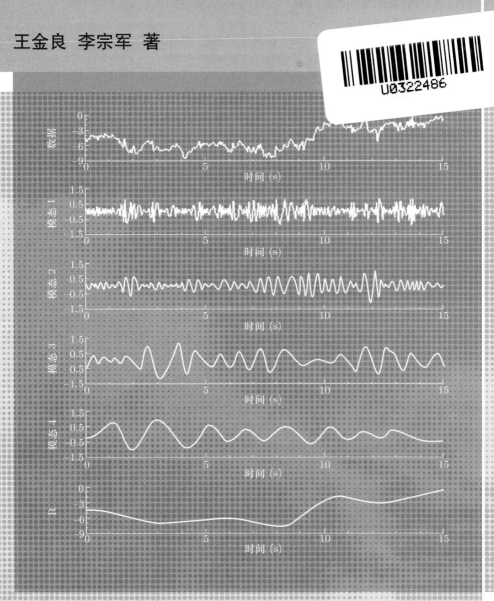

高等教育出版社·北京

内容简介

　　本书旨在阐述作者最新研发的极点对称模态分解 (ESMD) 方法。内容涉及与模态分解有关的五大根本问题、与高次筛选有关的三大悬疑问题、ESMD 模态分解过程、ESMD 时 – 频分析过程（直接插值法）、拓展分解形式、分解机理和与应用有关的海气通量研究。本书不仅总结了数据无基分解方面的最新研究成果，还与经典的傅里叶变换、盛行的小波变换和热门的希尔伯特 – 黄变换方法作了深入对比。对 ESMD 方法的计算原理、算法步骤都作了明确阐述，这样不但能让使用者无师自通，而且能让研究者快速进入前沿问题。

　　本书可供大气与海洋科学、信息科学、数学、生命科学、经济学、生态学、地震学和机械工程等领域所有涉及数据分析的科研工作者和工程应用者学习和参考，也可作为研究生教材使用。

图书在版编目（CIP）数据

　　极点对称模态分解方法：数据分析与科学探索的新途径 / 王金良，李宗军著 . -- 北京：高等教育出版社，2015. 5

　　ISBN 978-7-04-042513-0

　　Ⅰ . ①极… Ⅱ . ①王… ②李… Ⅲ . ①数据处理 Ⅳ . ① N37

　　中国版本图书馆 CIP 数据核字（2015）第 080033 号

策划编辑　李　鹏	责任编辑　李　鹏	封面设计　姜　磊		版式设计　张　杰
责任校对　张小镝	责任印制　田　甜			

出版发行	高等教育出版社	咨询电话	400-810-0598
社　　址	北京市西城区德外大街4号	网　　址	http://www.hep.edu.cn
邮政编码	100120		http://www.hep.com.cn
印　　刷	北京嘉实印刷有限公司	网上订购	http://www.landraco.com
开　　本	787mm×1092mm 1/16		http://www.landraco.com.cn
印　　张	11.5	版　　次	2015 年 5 月第 1 版
字　　数	210 千字	印　　次	2015 年 5 月第 1 次印刷
购书热线	010-58581118	定　　价	49.00 元

本书如有缺页、倒页、脱页等质量问题，请到所购图书销售部门联系调换
版权所有　侵权必究
物 料 号　42513-00

前言

2013 年 5 月 27 日科学网以 "青岛理工大学研发数据处理新方法" 为题对我们研发的极点对称模态分解方法 (简称 ESMD 方法) 进行了报导; 7 月 3 日《中国科学报》对此又作了进一步报导 (2013-07-03 国际版块第 4 版). ESMD 方法是美国工程院黄锷院士提出的希尔伯特 – 黄 (Hilbert-Huang) 变换方法的新发展, 可用于大气和海洋科学、信息科学、数学、生命科学、经济学、生态学、地震学和机械工程等领域所有涉及数据分析的科研和工程应用. 该方法自报导以来受到了来自不同领域的科研工作者特别是在读研究生的广泛关注, 来信咨询者络绎不绝. 为了指导应用和免去反复答疑的困扰, 我们遂决定将相关研究成果整理成书. 此书将详细阐述 ESMD 方法及其最新进展, 不但能让使用者无师自通, 而且能让研究者很快进入前沿问题. 其实, 做创新性研究要么抓住一个新问题要么抓住一个新方法, 二者必居其一, 否则便是平庸的. 若想借助数据分析手段进行科学探索, 本书所介绍的新方法将是一个不错的选择.

ESMD 方法的研发历时两年之久, 完成于 2012 年 4 月, 公开于 2013 年 3 月. 最初只是想在希尔伯特 – 黄变换方法的框架下用内部极点对称插值代替外包络线插值做一点工作, 没想到曲径通幽、别有洞天. 探索过程是曲折而艰辛的, 为此常常夜不能寐. 往往于突发奇想之后立即联系李宗军老师进行尝试, 如是者不计其数, 单就算法的重大修改而言就有 4 次之多: 第 1 次修改完善了边界处理算法, 极大地降低了边界插值对内部信号的影响; 第 2 次修改找到了关于内部极点对称的奇偶两线插值法, 其效果可以与黄先生的经验模态分解 (简称 EMD) 所采用的外包络线插值法相媲美; 第 3 次修改是一次重大改革, 针对模态和趋势函数因筛选次数不同而异的问题提出了以优化自适应全局均线来优化筛选次数的策略, 保证了模态分解在 "最小二乘" 意义下是最佳的; 第 4 次修改是一次飞跃式进展, 有鉴于包括希尔伯特变换在内的所有积分变换都存在固有缺陷, 我们抛弃了时 – 频分析依靠积分变换的传统观念, 创造性地提出了关于瞬时频率的 "直接插值法". 正是有了这个第二部分, 才使得 ESMD 方法可以脱离希尔伯特变换而独立存在. 如果当初我们将希尔伯特 – 黄变换方法看成一座高山而 "仰止" 的话, 便没有进步了.

高科技的核心是 "数学技术", 而 "数学技术" 的两个主要手段是数值模拟和数据分析. 有成熟数学模型的问题适用数值模拟, 没有数学模型的问题只能依靠数据分析了. 特别地, 对于物理机制不明确的过程, 研究有赖于观测实验. 探索的方式往往是将杂乱无章的随机观测数据分解成不同的模态, 从中寻找可能的变化规律.

现有的随机数据分析方法主要有如下三种: (1) 基于线性叠加原理的傅里叶 (Fourier) 变换是经典的方法. 它将一个观测时间序列映射到频率 – 能谱空间, 所分解出的每一个模态都是振幅不变、频率也不变的正弦或余弦函数. 其缺点是只适用于针对线性变化的平稳信号. (2) 小波 (wavelet) 变换是目前盛行的方法, 它通过取定局部有限小波基对信号进行分解, 在一定程度上弥补了傅里叶变换的缺陷, 能够表达出频率的时变性. 但其理论基础还是线性叠加原理, 只适用线性信号. 由于小波基具有正交性且相关理论完备, 它在信号的编码、储存和压缩方面存在明显优势. (3) 以 EMD 为基础的希尔伯特 – 黄变换是目前热门的方法, 它是一种数据自适应分析方法, 无需先验的基函数, 其分解模态不但频率可变振幅也可变, 适用于非线性、非平稳信号. 这是一种经验方法, 长于探索性观测研究. 存在问题主要有: 筛选次数难以确定, 分解出的趋势函数太粗略, 所用希尔伯特谱分析手段存在固有缺陷等.

随机数据分析的根本问题在于其非平稳性, 一则趋势有变化, 二则振幅和频率有时变性. 当存在较大趋势变化时, 如何将其有效抽出是最关键的问题. 傅里叶变换法在一开始就认为全局均线为零; "最小二乘法" 必须要有先验的函数形式; "滑动平均法" 在时间窗口和权系数选取上缺少依据; 小波变换法其实也采用了滑动平均手段. 只有将全局均线恰当地抽出来, 其剩余信号才能被视为脉动量并作时 – 频分析. 我们所提出的 ESMD 方法借鉴了 EMD 的分解思想, 用内部极点对称插值取代外包络线插值并采用优化策略确保趋势函数和筛选次数是最佳的. 作为第二部分的直接插值法, 不但能直观地体现模态振幅与频率的时变性, 还能明确反映总能量变化. 所给出的时间 – 频率分布图比希尔伯特谱更直观也更合理, 因为频率和能量都是随时间变化的, 刻意将总能量视为恒量并将其映射到一系列固定频率点上是牵强的.

本书内容安排: 第 1 章介绍数据分析的基本问题与现有方法; 第 2 章和第

3 章阐述与经验模分解有关的五大根本问题和三大悬疑; 第 4 章和第 5 章详细阐述 ESMD 方法; 第 6 章补充另外两种分解形式; 第 7 章和第 8 章分别探讨 ESMD 方法的应用和分解机理问题; 最后一章探讨海 – 气通量应用实例与相关研究.

致谢: 感谢山东省自然科学基金项目 (No.ZR2012DM004)、国家自然科学基金项目 (No.41376030) 和国家海洋局海洋遥测工程技术研究中心开放基金项目 (No.2013005) 的资助, 也感谢已结题的国家重点 863 项目 (No.2006AA09A309) 的支持; 感谢黄锷院士对前期研究的鼓励; 感谢华中科技大学数学与统计学院恩师周笠教授的长期教诲; 也感谢浙江大学海洋学院宋金宝教授在海 – 气通量观测研究方面给予的支持和帮助.

王金良

2014 年 11 月 12 日

于青岛理工大学理学院

目录

第 1 章　数据驱动的创新研究与方法革新 · · · · · · · · · · · 1

1.1　数据分析是创新研究的重要手段 · · · · · · · · · 1

1.2　经典的傅里叶变换方法 · · · · · · · · · · · · · · · · 2

　1.2.1　评析一: 傅里叶变换应用的广泛性在于观测数据的有限性 · 3

　1.2.2　评析二: FFT 与傅里叶变换之间存在特定换算关系 · · · · · 3

　1.2.3　评析三: 傅里叶变换在分析非平稳信号时存在缺陷 · · · · 4

　1.2.4　评析四: 傅里叶逆变换难以重构随机数据 · · · · · · · 4

1.3　盛行的小波变换方法 · · · · · · · · · · · · · · · · 6

1.4　热门的希尔伯特 – 黄变换方法 · · · · · · · · · · · 7

　1.4.1　经验模态分解 · · · · · · · · · · · · · · · · 7

　1.4.2　希尔伯特谱分析 · · · · · · · · · · · · · · · 10

1.5　经验模态分解的变式: 局部均值分解 · · · · · · · · 13

1.6　最新的 ESMD 方法 · · · · · · · · · · · · · · · · 15

第 2 章　与模态分解有关的五大根本问题 · · · · · · · · · · 17

2.1　筛选终止判据问题 · · · · · · · · · · · · · · · · · 17

2.2　全局均线问题 · · · · · · · · · · · · · · · · · · · 18

2.3　对称性与周期性问题 · · · · · · · · · · · · · · · · 19

2.4　瞬时频率问题 · · · · · · · · · · · · · · · · · · · 22

　 2.5　经验模的定义问题 · 　25

第 3 章　与高次筛选有关的三大悬疑问题 · · · · · · · · · · · · · 　**27**
　 3.1　高次筛选的困惑 · 　27
　 3.2　悬疑一: 是否筛选次数越高模态的对称性越好 · · · · · · · 　28
　 3.3　悬疑二: 是否无穷次筛选会使模态的包络趋于直线 · · · · 　31
　 3.4　悬疑三: 是否无穷次筛选会使相邻模态的平均频率趋同 · · · 　33
　 3.5　频率分布特征与模态个数估计 · 　35
　　　 3.5.1　误差条件对频率分布的影响 · · · · · · · · · · · · · · · · · 　38
　　　 3.5.2　频率分布的统计特征 · 　39
　　　 3.5.3　模态数计算公式 · 　41

第 4 章　ESMD 方法第一部分: 模态分解 · · · · · · · · · · · · · 　**43**
　 4.1　ESMD 程序算法 · 　43
　 4.2　ESMD_I 的运行效果 · 　46
　 4.3　ESMD_II 的运行效果 · 　51
　　　 4.3.1　分解试验 · 　52
　　　 4.3.2　模态的对称性特征 · 　58
　　　 4.3.3　筛选次数对分解的影响 · 　59
　　　 4.3.4　剩余极点个数对分解的影响 · · · · · · · · · · · · · · · · 　60
　 4.4　ESMD_III 的运行效果 · 　60

第 5 章　ESMD 方法第二部分: 时 − 频分析 · · · · · · · · · · · 　**63**
　 5.1　关于瞬时频率的直接插值法 · 　63
　 5.2　直接插值法的运行效果 · 　66
　 5.3　对模态混叠问题的探讨 · 　68
　 5.4　对能量变化问题的探讨 · 　70
　 5.5　关于瞬时频率的旋转生成法 · 　71
　 5.6　旋转生成法的启示 · 　75

第 6 章　ESMD 分解的拓展形式 · 　**77**
　 6.1　包络线对称形式下的分解 · 　77
　 6.2　优化筛选次数规则下的分解 · 　79

第 7 章　ESMD 方法的应用　· **81**

7.1　科学探索的适用性 · 81

7.2　与应用有关的几个问题 · 82

7.3　ESMD 方法计算软件介绍 · · · · · · · · · · · · · · · · · · · 83

第 8 章　模态分解的机理探索　· · · · · · · · · · · · · · · · · **85**

8.1　固有模态对应物质振动或量值涨落 · · · · · · · · · · · · 85

8.2　极值点的标志性作用 · 86

8.3　模态分解是寻找最佳拟合曲线的过程 · · · · · · · · · · 87

第 9 章　海 – 气通量应用实例与相关研究　· · · · · · · **89**

9.1　海 – 气边界过程 · 89

9.2　海 – 气通量研究现状 · 92

9.3　通量观测方法 · 93

　　9.3.1　涡相关方法的测量原理 · · · · · · · · · · · · · · · · · 95

　　9.3.2　惯性耗散法的测量原理 · · · · · · · · · · · · · · · · · 98

9.4　观测仪器与架装要求 · 103

9.5　定点观测的傅里叶谱方法非湍滤波研究 · · · · · · · · 106

9.6　浮标体观测位置的旋转校正研究 · · · · · · · · · · · · · · 111

9.7　晃动误差校正研究 · 120

9.8　ESMD 方法非湍滤波研究 · · · · · · · · · · · · · · · · · · · 131

9.9　波浪增强海 – 气通量的模型化研究 · · · · · · · · · · · · 137

附录 I　傅里叶级数与傅里叶变换 · · · · · · · · · · · · · · · **143**

附录 II　加权周期概念 · **147**

附录 III　记忆依赖型导数概念 · · · · · · · · · · · · · · · · · · **153**

参考文献 · **159**

第 1 章   数据驱动的创新研究与方法革新

国家自然科学基金委员会在 2011 年总结数学未来 10 年发展战略时作了如下阐述: 最早的科学研究模式是实验性的, 然后才是理论, 现在又加入了计算机模拟, 而最近出现的第四个模式是由数据爆炸引起的, "以数据为中心" 的科学发现已初现端倪.

做任何事情都要讲究方法, 方法对头才能使问题迎刃而解, 从而收到事半功倍的效果 [王梓坤 (2013)]. 法国数学家拉普拉斯曾说过: "认识一位天才的研究方法, 对于科学的进步并不比发现本身有更少用处, 科学研究的方法经常是极富兴趣的部分." 要从杂乱无章的随机观测数据中寻找规律, 采用何种方法尤为重要. 好的分析方法能够正确地反映事物的变化规律, 差的分析方法却会误导判断. 以数据分析为基础的创新迫切需要方法的革新. 现有的随机数据分析方法主要有如下五种: (1) 经典的傅里叶 (Fourier) 变换方法; (2) 盛行的小波 (wavelet) 变换方法; (3) 热门的希尔伯特 – 黄 (Hilbert-Huang) 变换方法; (4) 作为经验模态分解变式的局部均值分解方法; (5) 最新的极点对称模态分解方法 (简称 ESMD 方法). 本书主要阐述的是最后一种方法. 为明晰各种数据分析方法的优劣, 本章将对它们进行简要评述.

1.1   数据分析是创新研究的重要手段

"数据" 也称观测值, 是实验、测量、观察、调查等的结果, 常以数量的形式给出. "数据分析" 是有目的地收集、分析数据使之成为信息的过程. 利用数据来发现现象和揭示规律从而提高科学家对问题的理解已成为一种新的研究模式. 看上去, 这个模式与经验科学研究有类似之处, 毕竟经验科学的早期研究中不乏数据分析的例子. 但当时由实验观察得到的现象是清楚的, 处理数据的目的只是寻找那些变量之间的准确关系. 现在的情况有所不同, 观测到的实验结果并不能直接告诉我们现象和规律. 我们所遇到的数据分析问题比传统的统计分析问题复杂得多, 研究方式也应转变为以数据为中心或称之为 "数据驱动" 模式. 因此, 探索新的理论和方法以此来进行有效的数据分析就成了当今科技发展的迫切需要.

　　"数据分析" 目前已成为 "数值模拟" 之外的又一高新技术手段. 有成熟数学模型的问题适用数值模拟, 缺少数学模型的问题只能依靠数据分析了. 探索的方式往往是将杂乱无章的随机观测数据分解成不同的模态, 从中寻找可能的变化规律. ESMD 方法的研发正顺应了这种需求. 新的方法必然会带来新的发现.

1.2　经典的傅里叶变换方法

　　傅里叶变换是众所周知的经典数据分析方法 (详见附录 I), 其形式如下:

$$X(\omega) = \int_{-\infty}^{+\infty} x(t)e^{-i\omega t}dt, \tag{1.2.1}$$

它将一个实际物理空间中的变量 $x(t)$ 映射到了一个参数空间中的变量 $X(\omega)$. 若视 $x(t)$ 为时间函数则参数 ω 可被理解为它的变化频率. 由于傅里叶变换默认取实部 (由实函数映射到实函数), 而

$$\int_{-\infty}^{+\infty} x(t)e^{-i\omega t}dt = \int_{-\infty}^{+\infty} x(t)\cos(\omega t)dt + i\int_{-\infty}^{+\infty} x(t)\sin(\omega t)dt,$$

可见 $X(\omega)$ 就是 $x(t)$ 和周期函数 $\cos(\omega t)$ 于整个时间域上由 "共振" 产生的振幅分量. 此分量大者对应的强度也大. 因此, X 随 ω 的分布图 (通常称为 "频率谱") 能反映变函数 $x(t)$ 随频率的强度变化, 借此可以分析其周期特性, 也可以按照需求执行各种 "滤波" 处理. 当然, 考虑到在某些点处 X 可能取到负值且公式 (1.2.1) 原则上是在复数域内定义的, 一般采用下述乘积 ("*" 表示取共轭复值)

$$E = X(\omega) \times X^*(\omega) \tag{1.2.2}$$

来表示这种强度, 其分布图通常被称为 "能量谱" 或 "频率谱".

　　下面就应用傅里叶变换进行数据分析的相关问题进行评析.

1.2.1 评析一: 傅里叶变换应用的广泛性在于观测数据的有限性

一个函数可作傅里叶变换的条件为 (见 1989 年出版的《积分变换》):

(1) 连续或只有有限个跳跃间断点;

(2) 只有有限个极值点;

(3) 绝对可积, 即要求 $\int_{-\infty}^{+\infty} |x(t)|dt < +\infty$.

就这三个条件而言, 前两个易于满足而最后一个比较苛刻. 像线性函数 $x(t) = 1 + 2t$、三角函数 $x(t) = \sin t$、指数函数 $x(t) = e^{2t}$ 甚至分段函数

$$x(t) = \begin{cases} 1, & t \geqslant 0, \\ -1, & t < 0 \end{cases}$$

都不满足绝对可积条件. 其实在无穷远处不趋于零的函数都不行, 只有像 $x(t) = e^{-2|t|}$ 形式的函数才能满足要求.

如此苛刻的条件似乎阻碍了傅里叶变换的应用, 但是由于观测时长 T 总是有限的, 其采样频率 f 也是有限的 (例如 HS-50 型三维超声风速仪最大采样频率为 50 Hz, 即最小采样间隔为 1/50 s), 所以所生成的离散数据就是有限的. 在默认执行了线性插值的意义下 $x(t)$ 在区间 $[0, T]$ 上为连续函数, 如此只需于 $(-\infty, 0)$ 和 $(T, +\infty)$ 上将 $x(t)$ 定义为 0 就能满足上述三个条件. 傅里叶变换之所以能成为经典的数据分析方法并被广泛用于信息科学等各个领域, 原因正在于此.

1.2.2 评析二: FFT 与傅里叶变换之间存在特定换算关系

在应用中我们常常采用对应于公式 (1.2.1) 的离散形式傅里叶变换 [方欣华和吴巍 (2002)]:

$$X_r = \Delta t \sum_{k=0}^{n-1} x_k e^{-i \cdot 2\pi kr/n}, \quad r = 0, 1, 2, \cdots, n-1, \tag{1.2.3}$$

在这里时间序列 $\{x_k\}_{k=0}^{n-1}$ 表示观测时段 $[0, T]$ 上的 n 个采样值, Δt 表示采样间隔且 $T = n\Delta t$. 采样对应的时间应定义为

$$t_k = k\Delta t, \tag{1.2.4}$$

圆频率应定义为

$$\omega_r = 2\pi r/T = 2\pi r/n\Delta t,$$

实际使用中经常采用以 Hz 为单位的频率:

$$f_r = r/n\Delta t. \tag{1.2.5}$$

Matlab 中的 FFT 命令, 就是所谓的快速傅里叶变换, 采用的是更加简洁的表达式, 不涉及量纲. 所以在应用中除了频率外还需找回幅值的量纲. 要知道, 傅里叶变换是在复数域内定义的, 对形如 $Z = \alpha + \beta i$ 这样的复数来说其幅值

$$|Z| = \sqrt{(\alpha + \beta i)(\alpha - \beta i)} = \sqrt{\alpha^2 + \beta^2}$$

还依赖于其虚部 β, 所以 FFT 与普通傅里叶变换 F 之间的关系并不是显而易见的. 依据张德丰 (2009) 所述, FFT 的幅值大小与选择的点数有关但不影响频谱分析, 一般可将由 FFT 产生的振幅乘以因子 $2/n$ 获得真实的振幅, 即

$$A = \sqrt{E} = \sqrt{\mathrm{F}[x] \times \mathrm{F}^*[x]} = (2/n)\sqrt{\mathrm{FFT}[x] \times \mathrm{FFT}^*[x]}, \tag{1.2.6}$$

此关系式是信号重构过程所必需的.

1.2.3　评析三: 傅里叶变换在分析非平稳信号时存在缺陷

傅里叶变换从根本上说是线性变换, 处理信号的依据是线性叠加原理. 它将一个观测时间序列映射到频率 – 能谱空间, 其每一个模态都是振幅不变频率也不变的正弦或余弦函数. 其优点是理论完备, 以频率成倍的无穷弦函数对为正交基, 可以逼近有限区间上的任意连续或按段光滑的函数; 其缺点是只适用于针对线性变化的平稳信号, 对于非平稳信号或变频信号 (含瞬时突变) 来说存在明显不足. 譬如频率不变而振幅变化的 "加权周期" 信号 [见 Wang & Li (2006, 2007), Wang & Zhang (2006)]. 在经验模分解和极点对称模态分解中它只是一个简单的模态, 但在傅里叶变换意义下却是无穷多等振幅、等频率的周期模态.

例 1.1　对如下的加权周期函数 (见图 1.1)

$$x(t) = 5e^{-2t}\sin(8\pi t) \tag{1.2.7}$$

做傅里叶变换. 由图 1.2 的振幅谱可见, 为了产生这样的非平稳信号, 除了 $0.62\sin(8\pi t)$ 这样的周期模态外, 还需要叠加大量的低频和高频周期模态.

1.2.4　评析四: 傅里叶逆变换难以重构随机数据

傅里叶逆变换的形式如下:

$$x(t) = \frac{1}{2\pi}\int_{-\infty}^{+\infty} X(\omega)e^{i\omega t}d\omega, \tag{1.2.8}$$

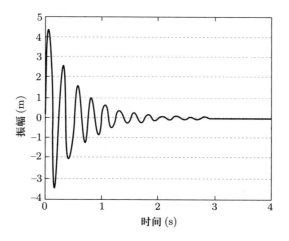

图 1.1 加权周期信号

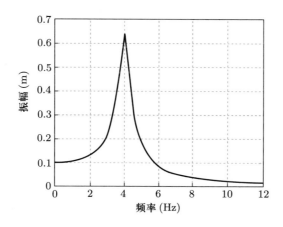

图 1.2 加权周期信号对应的振幅谱

它将参数空间中的变量 $X(\omega)$ 映射回实际物理空间中的变量 $x(t)$. 对于满足要求的光滑连续函数来说, 取了傅里叶变换之后可经逆变换还原, 但对于有限随机数据而言却办不到. 原因在于: 傅里叶变换是整个时域上的一个能量聚集过程, 逆变换是一个能量再分配过程, 于后一过程中不光滑的瞬时随机变化会被淹没掉.

常见的例子是利用波浪谱反演波面 [王金良和李慧凤 (2015)]. 波浪谱是由随机观测序列经傅里叶变换得到的, 其连续性特征使得只能采用有限个位于谱峰附近的周期波通过叠加的方式生成波面. 这样的波面一般只呈现了主导波的状态, 高频小波由于占能少往往只起到轻微变形作用. 如何模拟出较为真实的波浪, 特别是海浪, 为海 – 气相互作用研究提供较为可靠的界面过程, 这是一个有待深入的课题. 尽管目前计算机图形学领域于波浪动画等方面已有很大进展, 但其关注点是不同的.

1.3　盛行的小波变换方法

小波变换是目前盛行的数据分析方法, 被广泛用于信息科学等领域. 这方面的理论已经比较完备且卷帙浩繁, 在此不再赘述. 需要说明的是, 小波变换是傅里叶变换的发展, 其理论基础仍是线性叠加原理. 连续形式的小波变换定义如下 [刘本永 (2006)]:

$$W_x(a,b) = \int_{-\infty}^{+\infty} x(t) \cdot \psi_{a,b}^*(t) dt, \tag{1.3.1}$$

此处 "$*$" 表示取共轭复值. 替代傅里叶变换中的 $e^{-i\omega t}$ 的是由母小波 $\psi(t)$ 定义的具有尺度伸缩和平移特征的分析小波:

$$\psi_{a,b}(t) = \frac{1}{\sqrt{a}} \psi\left(\frac{t-b}{a}\right). \tag{1.3.2}$$

此变换将实际物理空间中的变量 $x(t)$ 映射到参数空间中的二元函数 $W_x(a,b)$, 尺度伸缩参数 a 用于表现 "共振" 发生频率, 平移参数 b 用于表现 "共振" 发生时刻.

相比傅里叶变换, 小波变换最大的革新之处在于基函数, 将时域上一致的正弦函数列代之以有限支集的小波列. 由于小波的局部化特征能起到 "数学显微镜" 的作用, 有利于表现出频率的时变性.

在进行数据分析之前, 小波基函数需要预先取定. 根据空间理论, 一组具有归一化和正交化特征的小波基能够对空间中的任何向量进行分解. 由于通常的分析都是在平方可积空间 $L^2(R)$ 下进行的且信号一般是无穷维的 (见 Daubechies 的《小波十讲》), 理论上讲小波基的个数也应当是无穷的. 这一点和傅里叶变换是一致的.

在小波家族中共有几十种小波基可供选择, 不同的选择得到的分解结果往往不同. 这给信号编码技术带来了便利且已被成功用于数据压缩等多个方面. 但也给以观测数据分析为基础的科研工作者带来了困扰. 尽管从数学上讲这没什么问题, 不同的基对应的分解结果不同是很正常的, 但是从物理上讲就大有问题了. 以一个机械振动过程为例, 它应是多个子过程的合成, 而每一个子过程所对应的振型只应有一种数学表达式. **对科学探索者来说, 恰恰是实际物理过程的这些固有振型才是要研究的对象, 它们可能根本就不具有规则的数学形式! 尽管一个空间中可选的小波基有很多种, 其分解结果却未必是我们需要的, 毕竟数据分析的主要目的是探索事物的内在规律而不是数学上的分割与合成.**

要想真正按 "数据驱动" 模式来开展科学研究, 就不能拘泥于先验基函数式的思维, 而应采用数据自适应的 "无基" 方式. 这方面已经有了可贵探索. 即将介绍的希尔伯特 − 黄变换方法所采用的正是这种方式.

1.4 热门的希尔伯特 − 黄变换方法

由美国工程院黄锷院士等人所发展的希尔伯特 − 黄变换方法 [Huang et al. (1998), Huang & Shen (2005)] 业已成为目前热门的数据分析方法, 被广泛应用于科研与工程的各个领域. 与傅里叶变换和小波变换相比, 其重大革新之处在于无基方式, 用一个简单的分解规则替代了基函数的构造. 它适用于分析非线性、非平稳信号. 其模态分解完全是数据自适应的, 相应的模态不但频率可变振幅也可变. 相比而言, 傅里叶变换和小波变换存在标准正交基且相关理论完备, 有利于信息编码、压缩和储存, 在信息科学等领域有着广泛应用; 而希尔伯特 − 黄变换是一种经验方法, 依据数据自身特点进行分解, 更接近物理真实, 长于探索性观测研究.

希尔伯特 − 黄变换方法包含经验模态分解和希尔伯特谱分析两部分. 前者旨在对信号进行分解, 产生一系列包络线对称的模态; 后者旨在分析模态的时 − 频变化特征. 下面进行简要介绍.

1.4.1 经验模态分解

经验模态分解涉及 "三次样条插值函数" 和 "本征模态函数" 两个概念. 下面参考 Huang et al. (1998), Huang & Shen (2005) 与徐德伦和王莉萍 (2011) 的阐述进行介绍.

设有节点 $a = t_0 < t_1 < \cdots < t_n = b$, 并已知函数 $x(t)$ 在这些节点上的函数值 $x_k(k = 0, 1, \cdots, n)$. 若函数 $s(t)$ 满足以下三个条件, 则称为 $x(t)$ 的**三次样条插值函数**:

(1) 于每个节点处满足 $s(t_k) = x_k$;

(2) $s(t)$ 在每个小区间 $[t_k, t_{k+1}]$ 上是三次多项式;

(3) $s_{k-1}(t_k) = s_k(t_k), s'_{k-1}(t_k) = s'_k(t_k), s''_{k-1}(t_k) = s''_k(t_k), k = 1, 2, \cdots, n-1$.

此处的 """ 表示求导数. 对应的边界条件一般取为: $s''(t_0) = s''(t_n) = 0$. 这样的样条通常称为 "自然三次样条", 是本书所采用的默认形式.

满足下列两个条件的函数称为**本征模态函数** (以下简称 "模态") :

(1) 函数极值点个数与跨零点个数相等或仅差一个 [**注**: 极大值点和极小值点要间错排列, 不允许相邻等值极点存在];

(2) 对于每一时刻 t, 函数的上包络线 (全部极大值点的三次样条插值曲线) 与下包络线 (全部极小值点的三次样条插值曲线) 的均值为零 [注: 就下述筛选过程所获取的模态而言, 均线严格为零是做不到的, 应当容许一定误差].

经验模态分解采用 "包络线对称" 的规则, 具体算法步骤如下:

(1) 对信号 $x(t)$ 的极大值点和极小值点分别进行三次样条插值, 得到上、下包络线 [注: 上、下插值处理需要通过一定方式添加边界点];

(2) 对上、下包络线取平均得到中值曲线 $m_1(t)$, 然后从原始信号 $x(t)$ 中减掉此中值曲线得到剩余信号 $h_1(t) = x(t) - m_1(t)$;

(3) 对 $h_1(t)$ 重复上述过程得中值曲线 $m_2(t)$ 和剩余信号 $h_2(t) = h_1(t) - m_2(t)$;

(4) 重复上述步骤直至两条包络线达到非常好的对称性, 即经 p 次这样的筛选 (sifting) 之后, 再筛选下去余信号也不会有太大变化了, 即当

$$\sum_{k=0}^{n} \frac{|h_{p-1}(t_k) - h_p(t_k)|^2}{h_p^2(t_k)} \leqslant \varepsilon$$

就停下来并将 $h_p(t)$ 视为第一个本征模态函数, 记作 $c_1(t)$ [注: Huang et al. (1998) 建议的误差值为 $0.2 \leqslant \varepsilon \leqslant 0.3$, 其实更能直观反映对称性的终止条件是 $|m_p(t)| \leqslant \varepsilon$ 形式];

(5) 从原始信号 $x(t)$ 中减掉第一个模态 $c_1(t)$ 并对剩余信号执行上述筛选过程可依次获得模态 $c_2(t), c_3(t), \cdots, c_m(t)$, 最后的余量 $r_m(t)$ 最多只含一个极值点, 它已不足以支撑再次分解 [注: 此余量又称 "趋势函数", 能在一定程度上反映数据的总体变化趋势. 但是这样的函数只有单调型的、凹凸型的和常值型的三种可能, 要想更好地反映趋势变化, 必须取消一个极点的限制, 即分解需要提前结束].

图 1.3 – 1.6 可以帮助理解这一筛选过程 (图片源自台湾 "中央大学" 数据分析方法研究中心提供的讲义, http://rcada.ncu.edu.tw/research1.htm).

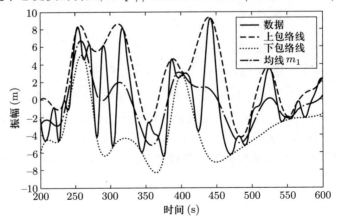

图 1.3　由数据的极大值点和极小值点分别插值产生上、下包络线进而求得中值曲线

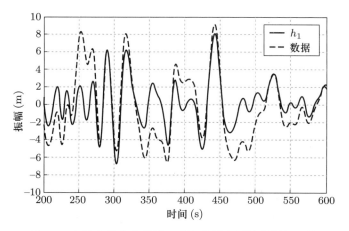

图 1.4　去掉中值曲线的第一剩余信号和原始数据的比较

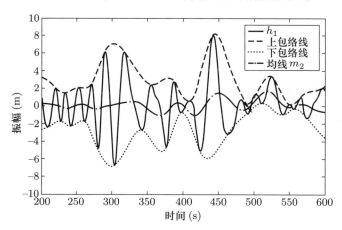

图 1.5　对第一剩余信号再取包络线和中值曲线

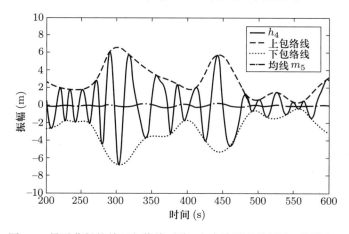

图 1.6　最后获得的关于包络线对称 (在容许误差范围内) 的模态 1

由上述分解过程可知

$$x(t) = c_1(t) + c_2(t) + \cdots + c_m(t) + r_m(t). \tag{1.4.1}$$

这种分解形式与以基函数构造和空间分解为基础的傅里叶变换和小波变换有很大不同, 它是一种直接分解, 不存在函数重构问题.

1.4.2　希尔伯特谱分析

希尔伯特谱分析是对本征模态函数进行希尔伯特变换进而生成能谱以分析信号的时 – 频变化特征的一种手段, 是模态分解的后续处理部分.

希尔伯特变换与傅里叶变换和小波变换一样, 也是一种积分变换, 只不过更具局部性特征, 被定义为信号 $c(t)$ 和 $1/t$ 的卷积形式:

$$d(t) = H[c(t)] = \frac{1}{\pi} \int_{-\infty}^{\infty} \frac{c(\tau)}{t - \tau} d\tau, \tag{1.4.2}$$

此为含奇异点的瑕积分, 其存在性需要在柯西 (Cauchy) 主值意义下来理解. 由此可定义复数域内的解析信号:

$$z(t) = c(t) + id(t) = A(t)e^{i\theta(t)}, \tag{1.4.3}$$

其中

$$A(t) = \sqrt{c^2(t) + d^2(t)}, \quad \theta(t) = \arctan\left(\frac{d(t)}{c(t)}\right), \tag{1.4.4}$$

此即瞬时振幅和相位, 而瞬时频率又可进一步由相位通过求导获得:

$$\omega(t) = \frac{d\theta}{dt} \tag{1.4.5}$$

[注: 为使此定义具有实际物理意义还需要一个额外条件 $d\theta/dt \geqslant 0$, 这对实际数据分析而言是一个困扰].

所谓的希尔伯特谱其实是这样一种对应关系:

$$H(\omega, t) : (\omega(t), t) \to A^2(t), \tag{1.4.6}$$

通常采用二维着色点图 (见图 1.7) 来表述, 其纵横坐标分别表示频率和时间. 图的绘制过程是这样的: 取定时刻 t_0 后算出相应的频率 $\omega(t_0)$ 得到时间 – 频率平面上的一个点 $(\omega(t_0), t_0)$, 再计算振幅的平方 $A^2(t_0)$ 并以色彩形式赋予该点.

经由希尔伯特谱 Huang et al. (1998) 还引入了一种边际谱 (marginal spectrum):

$$h(\omega) = \int_0^T H(\omega, t)dt \tag{1.4.7}$$

用以刻画整个数据集上概率意义下的累加能量随频率的变化情况 [**注:** (1) 这一表达式在数学上是不严谨的, 因为频率 ω 和时间 t 并非两个独立变量; (2) $H(\omega, t)$ 是一条曲线而非曲面, 固定一个 ω 值只对应曲线上有限个点, 其积分值是零; (3) 在概率意义下作累加处理是可行的, 但在不同的模态中间挑选同频率的点时需赋予这些点一定的时间历程, 而较大的时间历程意味着较低的瞬时频率精度, 存在一个利弊权衡的问题; (4) 这依旧是傅里叶变换的思维模式, 视总能量不变并将其分配给不同的固定频率点, 其实经过经验分解之后的模态不但频率具有时变性总能量也该具有时变性, 这种旧有模式有待革新].

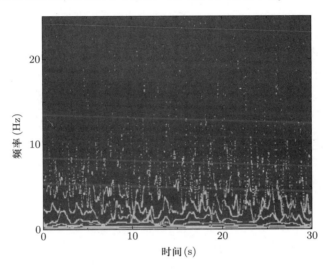

图 1.7 对应于一组风速数据的希尔伯特谱 [图片源自 Huang et al. (1998) 的论文]

其实只有当信号具有一定对称性时上述处理才有意义, 这正是经验模态分解的价值所在. (1.4.3) 式意味着

$$c(t) + id(t) = A(t)\cos\theta(t) + iA(t)\sin\theta(t), \tag{1.4.8}$$

这要求信号具有形式

$$c(t) = A(t)\cos\theta(t), \tag{1.4.9}$$

且与经希尔伯特变换后的函数 $d(t)$ 之间需满足正交性. 相应地, 模态分解的理想目标变成:

$$x(t) = \sum_{k=1}^{m} c_k(t) + r_m(t) = \sum_{k=1}^{m} A_k(t)\cos\theta_k(t) + r_m(t). \tag{1.4.10}$$

这种分解是能够在误差容许范围内近似达到的, 但正交性的条件却受限于 Bedrosian 定理和 Nuttall 定理. 在此援引 Huang & Shen (2005) 的阐述略作补充.

Bedrosian 定理 (1963)　对两函数 $f(t)$ 和 $h(t)$ 而言, 只有当它们的傅里叶谱于频率空间中互不相交且 $h(t)$ 的频域高于 $f(t)$ 的频域时, 才成立下述关系:

$$H[f(t)h(t)] = f(t)H[h(t)],$$

此处 H 表示希尔伯特变换.

这对上述谱分析手段是一个苛刻的限制. 为满足 (1.4.8) 式需成立下式:

$$H[A(t)\cos\theta(t)] = A(t)H[\cos\theta(t)] = A(t)\sin\theta(t). \tag{1.4.11}$$

这里有两个等式, 先说第一个. 第一个等式要成立振幅 $A(t)$ 的变化必须足够缓慢, 否则包络线 (体现振幅变化) 和载波 $\cos\theta(t)$ 的傅里叶谱很可能会相交. 事实上, 由经验模态分解方法产生的模态 (特别是前几个模态) 一般都有较快的振幅变化, 很难达到 Bedrosian 定理的要求. 这是希尔伯特谱分析手段的一大缺陷.

Nuttall 定理 (1996)　对于任意的相位函数 $\theta(t)$, 通常有

$$H[\cos\theta(t)] \neq \sin\theta(t),$$

相应的误差为

$$\Delta E = \int_0^T |\sin\theta(t) - H[\cos\theta(t)]|^2 dt = \int_{-\infty}^0 S(\omega)d\omega,$$

其中 $S(\omega)$ 为 $H[\cos\theta(t)]$ 的傅里叶谱.

这个定理也很苛刻, 直接说明 (1.4.11) 的第二个等式在一般情况下是不成立的. 当然对于 $\theta(t) = \omega t + \varphi$ 这样的线性情况还是成立的, 但是所分解出的模态不可能都具有这种形式. 这是希尔伯特谱分析手段的又一大缺陷.

其实, 既然分解产生的模态具有 $c(t) = A(t)\cos\theta(t)$ 的形式, 完全可以通过反余弦函数获得相位角:

$$\theta(t) = \arccos\frac{c(t)}{A(t)}, \tag{1.4.12}$$

进而通过 $\omega(t) = d\theta/dt$ 算出瞬时频率, 而不必用希尔伯特变换. 接下来的 "局部均值分解" 方法就直接采用了这种做法. 第 5 章将要介绍的 "旋转生成法" 也采用了类似的做法, 而 "直接插值法" 更是抛开了 "时 – 频分析依赖积分变换" 的传统观念, 完全不必受两定理的约束.

1.5　经验模态分解的变式: 局部均值分解

局部均值分解 (local mean decomposition) 方法是由学者 Jonathan S. Smith 于 2005 年提出的一种无基分解方法. 其筛选过程类似于经验模态分解, 产生的模态也是乘积形式 $A(t)\cos\theta(t)$, 只不过包络信号 $A(t)$ 和调频信号 $\cos\theta(t)$ 是由筛选过程分别产生的罢了. 其算法步骤如下 [Smith (2005)]:

(1) 找出原始信号 $x(t)$ 所有的局部极值点 n_i [注: 实际指极值点 (t_i, n_i) 的纵坐标], 求出相邻局部极值点的平均值:

$$m_i = \frac{n_i + n_{i+1}}{2},$$

将此值 [注: 对应横坐标 $(t_i + t_{i+1})/2$] 于两极点之间 [注: 指在闭区间 $[t_i, t_{i+1}]$ 内] 延拓成线段作为该局部半周期内的局部均值. 再对这些不连续的线段施行滑动平均处理得到连续的均值曲线 $m_{11}(t)$ (见图 1.8(a)) [注: 平滑因点数不同而异];

(2) 利用极大值和极小值的差定义局部平均振幅:

$$a_i = \frac{|n_i - n_{i+1}|}{2},$$

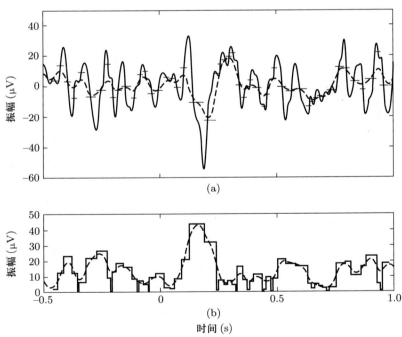

图 1.8　局部均线和局部振幅的生成过程, (a) 原始信号 (实线) 对应的局部均值 (短线段) 及其滑动平均 (虚线); (b) 局部振幅 (折段) 及其滑动平均产生的包络线 (虚线) [图片源自 Smith (2005) 的论文]

将此值 [注: 对应横坐标 $(t_i + t_{i+1})/2$] 于两极点之间延拓成线段作为该局部半周期内的局部包络线. 再对这些不连续的线段施行滑动平均处理得到连续的包络线 $a_{11}(t)$ (见图 1.8(b)) [注: 平滑因点数不同而异];

(3) 从原信号中去掉均值并相对于包络线进行调制处理得

$$s_{11}(t) = [x(t) - m_{11}(t)]/a_{11}(t);$$

(4) 对 $s_{11}(t)$ 重复步骤 (1)–(3) 直到包络线 $a_{1n}(t) \approx 1$ [注: 即于第 n 次满足容许误差 $|a_{1n}(t) - 1| \leqslant \varepsilon$], 此时 $s_{1n}(t)$ 可视为一个形如解析函数 $\cos\theta_1(t)$ 的纯调频函数 (见图 1.9(c));

(5) 把迭代过程中产生的所有包络估计函数相乘得到包络信号 (瞬时幅值函数, 见图 1.9(d)):

$$A_1(t) = a_{11}(t)a_{12}(t)\cdots a_{1n}(t);$$

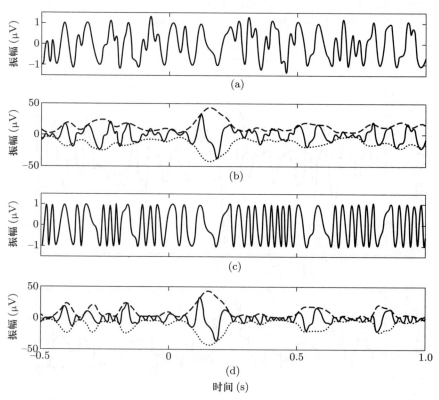

图 1.9　局部均值分解结果, (a) 原始信号; (b) 去除局部均值 $m_{11}(t)$ 后的信号 (实线) 及其上包络 $a_{11}(t)$ (虚线) 和下包络 $-a_{11}(t)$ (点线); (c) 最后生成的调频函数 $s_{1n}(t)$; (d) 最后生成的模态 $\mathrm{PF}_1(t)$ (实线) 及其上包络 $A_1(t)$ (虚线) 和下包络 $-A_1(t)$ (点线) [图片源自 Smith (2005) 的论文]

(6) 将乘积 $A_1(t)s_{1n}(t)$ [注: 记为 $\mathrm{PF}_1(t)$] 视为模态 1 并从原始信号中滤除, 重复上述步骤得到一系列模态, 直到余量最多只含一个极值点 [注: 与经验模态分解方法一样, 其余量并不能很好地反映数据的总体变化趋势];

(7) 对第 (4) 步产生的调频函数取反余弦再由相位角求导得频率, 例如

$$\theta_1(t) = \arccos(s_{1n}(t)), \quad \omega_1(t) = \frac{d\theta_1}{dt}.$$

此即模态 1 的瞬时频率 [注: 与 5.5 节的 "旋转生成法" 一样存在计算不稳定问题].

局部均值分解可以看成是经验模态分解的一个变式, 类似于后来的调幅 – 调频分离方法 [Huang et al. (2009a)]. 其优点在于: 由筛选过程能直接分离出调幅函数和调频函数, 这有利于频率计算, 可以不必借助希尔伯特变换; 其缺陷在于: 先生成不连续的等值线段再试图通过滑动平均方法作光滑化处理, 这种筛选手段要求事先设定平滑点数和相应的加权平均系数而且要一贯地反复调用, 这对自适应分解来说是一种退步. 其实, 局部极点的均值就是极点对称中点的纵坐标, 采用插值处理策略会好得多. 基于上述考虑, 本书并未将其列为主要比较对象, 感兴趣者可以自行比较.

1.6 最新的 ESMD 方法

ESMD 是英文 "Extreme-point Symmetric Mode Decomposition" 的简称, 其中文意思是 "极点对称模态分解". ESMD 方法是希尔伯特 – 黄变换方法的新发展, 曾先后于 2013 年 5 月和 7 月被科学网和《中国科学报》报导过, 其主要成果发表于国际期刊 *Advances in Adaptive Data Analysis, Vol. 5, No.3 (2013)* 并已提交至 arXiv 电子论文公开网站 (http://arxiv.org/abs/1303.6540), 这也是本书要重点讲解的内容. 相关论文还有 Wang & Li (2012), Li et al. (2013) 和王金良和李宗军 (2014). 以 Scilab 平台开发的 ESMD 计算软件也已获批两项计算机软件著作权, 授权人分别为王金良和李宗军 (2012) 与王金良和李惠凤 (2012).

ESMD 方法也由两部分组成: 第一部分是模态分解, 可产生数个模态与一条最佳自适应全局均线; 第二部分是时 – 频分析, 涉及瞬时频率的 "直接插值法" 与总能量变化等问题.

相比于希尔伯特 – 黄变换方法, ESMD 方法具有如下五大特点:

(1) 与构造 2 条外包络线不同, 筛选过程采用的是经过极点对称中点的 1, 2, 3 条或更多条内部插值曲线, 据此可将分解划分为 ESMD_I, ESMD_II, ESMD_III 等;

(2) 不是将分解进行到最多只剩一个极值点, 而容许余量拥有若干极值点并

通过优化手段使其成为"最小二乘"意义下的最佳"自适应全局均线",此优化过程还可提供最佳筛选次数进而获得最佳分解;

(3)"极点对称"概念比"包络线对称"概念更宽泛. 从物质运动的角度来看,振动总是围绕着平衡点进行的,而平衡点本身也往往会改变其位置,所以极点对称实际上反映的是振动相对于其自身的局部对称性. ESMD_I 采用的是严格极点对称,它比包络线对称苛刻; ESMD_II 采用的是奇 – 偶型极点对称,与包络线对称相当; ESMD_III 采用的是三线极点对称,比包络线对称的对称程度低,自由度更大;

(4) 扩展了本征模态函数的定义. 新形式不但包含间歇情况,而且对称性的要求也放宽了;

(5) 抛弃了希尔伯特谱分析方法,代之以基于数据的直接插值法. 这一新手段能很好地解决如下冲突: **周期需要相对于一段时间来定义而频率却要有瞬时意义**. 像傅里叶谱和希尔伯特谱那样把总能量投射到一系列固定频率点上的做法是不合理的,因为总能量本身也是变化的. 直接插值法不但能明确地给出瞬时频率和瞬时振幅随时间的分布图,而且能直观地体现总能量随时间的变化. 作为补充,我们还发展了针对瞬时频率的"旋转生成法",其物理含义更明确.

插值方式对模态分解会产生很大影响. 通过比较 ESMD_I, ESMD_II 和 ESMD_III 我们发现,随着插值线的增加,

1) 模态数目会减少;

2) 对称度会降低;

3) 振幅变化会增强;

4) 分解效率会提高 (需要更少的筛选次数).

有鉴于此,我们更倾向于选择折中的 ESMD_II 方案. 事实上, ESMD_I 只有在低次筛选下才能给出可接受的非完全分解结果,高次筛选会带来模态冗余现象; ESMD_III 虽然分解效率高,但是其低对称度和振幅的快变化不利于时 – 频分析. 实际测试也表明 ESMD_II 的分解效果是最佳的. 尽管三者的表现不同,它们都有一个共同的优点: **都能给出很好的全局自适应均线. 这源自内部插值方式. 相比于外包络线插值来说,其内部均线有着较小的幅值,能更好地降低由插值带来的不确定性,特别是对于极点稀少的低频分解更是如此**. 这是 ESMD 方法的另一个优点.

另外, ESMD 方法还提供了一种数据自适应拟合手段,在一定程度上优于"最小二乘法"和"滑动平均法".

第 2 章　与模态分解有关的
五大根本问题

基于经验模态分解 (简称 EMD) 的希尔伯特 – 黄变换方法由于是无基分解, 理论上不完备, 自问世以来就被许多问题所困扰. 纵观十余年来本领域的研究成果, 其探索所涉不外乎如下五大根本问题 [见 Wang & Li (2013)]. ESMD 方法是希尔伯特 – 黄变换方法的继承和发展, 其进展也主要体现在这些方面.

2.1　筛选终止判据问题

如何选取筛选终止条件常常困扰着 EMD 的使用者, 原因是不同筛选次数所给出的分解结果往往是不同的 [Huang et al. (2003)]. Huang 和 Wu 在 2008 年的综述中也说过, 如何优化筛选过程仍是一个悬而未决的问题. 众所周知, 过低的筛选次数会导致模态的对称性欠佳, 给分析时 – 频变化带来困难. 从分解经验来看, 要获取较高的对称度得经过多次筛选. 但是一般不建议采用太高次的筛选 [Huang et al. (2003); Wu & Huang (2009, 2010); Wang et al. (2010)]. 正如 Huang et al. (2003) 所担心的那样, 过高次的筛选会消除振幅的固有变化而使模态失去物理意义. 事实上, 用后来研究者 Wang et al. (2010) 的结果来看, 这一担忧源于高次筛选会产生振幅趋同现象. 通过数学证明他们发现, 严格包络线对称的模态, 其上、下包络线 (具有三次样条插值函数形式) 在极点稀疏 (每两个极值点中间都至少存在两个采样点) 的条件下必然退化成两条直线. 顺便说明一下, 后来 Wu & Huang (2010) 曾指出, 在此证明过程中 "极点稀疏" 的条件是不需要的.

虽然上述理论结果很具吸引力, 但是我们发现这样的理想状态对于实际筛选过程是达不到的 [Wang & Li (2012)]. 研究结果表明: **模态的对称度会呈现间歇变化特征, 也就是说, 随着筛选次数增加 "持续调整" 状态和 "突然跳转" 状态会轮流出现**. 所以模态的对称度在持续调整状态下会变得比较好, 而在突然跳转状态下会变得比较差. 另外, 筛选试验表明, 当筛选次数高到一定程度后模态的平均频率会维持不变或呈现周期振动状态 [注: 下一章将对此有更深入的阐述]. 与此相关的研究还有 EMD 的二元滤波器性质和极限情况下的频率分解问题, 前者可参阅 Flandrin, Rilling & Goncalves (2004), Flandrin & Goncalves (2004), Flandrin, Goncalves & Rilling (2005) 和 Wu & Huang (2005) 的文章; 后者可参阅 Rilling & Flandrin (2008), Wu, Flandrin & Daubechies (2011) 的文章. 依照 Wang et al. (2010) 和 Wang & Li (2012) 的总结, 筛选终止判据共有如下四种形式:

(1) 柯西形式, 由相邻两次筛选获得的准模态之间的相对误差来定义 (柯西 I 型) [Huang et al. (1998)] 或由两包络线的均线和准模态之间的相对误差来定义 (柯西 II 型) [Huang & Wu (2008)], 当其值小于预先设定的数值时停止筛选;

(2) 均值曲线形式, 定义为两包络线均线的绝对值或此绝对值与模态振幅的相对值, 当其值小于预先设定的数值时停止筛选 [Rilling et al. (2003), Wang & Li (2012)];

(3) S 数形式, 当极值点个数和跨零点个数在相连 S 次筛选中保持不变的情况下停止筛选 [Huang et al. (2003)];

(4) 固定筛选次数形式, 当达到预先设定的次数时停止筛选 (Wu & Huang (2009, 2010) 将其设定为 10 次).

在这四种形式中, 若模态的对称性是分解的主要关注点, 则均值曲线形式和柯西 II 型均可采用且前者更佳, 原因是模态的对称度随着筛选次数的增加是间歇变化的. 在此意义下, 固定筛选次数形式虽然简单但是却很盲目, 除非对模态的对称度已经有了先验的判断. 基于上述考虑, 我们采取两者结合的办法, 既要使用均值曲线形式让模态满足对称性要求, 又要使用固定形式设定一个最高筛选次数 N 避免程序出现死循环. 革新之处在于, 不是保守地预先取定, 而是以优化全局均线的形式在区间 $[1, N]$ 中挑选出最佳筛选次数.

2.2　全局均线问题

对于给定的信号, 其频率分析总是针对脉动部分的, 所以去掉全局均线是第一要务. 需要说明的是, 通常的总平均 (即数学期望) 只不过是一种最简单的全局均线罢了. 正如 Huang & Shen (2005) 所阐述, 经典的傅里叶变换适用于线性平稳信号; 盛行的小波变换适用于线性平稳或非平稳信号. 特别地, 当信号具有一个比较大的非线性变化趋势时, 直接施行傅里叶变换或小波变换可能会造成频率分析失真. 去掉全局均线的一般方法是 "最小二乘法" 和 "滑动平均法". 前者会对给定数据提供一条最小方差意义下的最佳拟合曲线, 但用起来比较笨拙, 原因是需要事先取定函数形式; 后者将连续数点的加权平均值赋予其中间点, 能够对给定数据提供一条光滑的全局均线, 但缺少理论依据, 不同的点数和不同的权系数给出的曲线也不同. 从物理上来讲, 很多过程都是 "记忆依赖型" 的 [Wang & Li (2011)] 而不是 "预期依赖型" 的. 也就是说, 在时刻 t 的运动状态是有可能依赖于前一时段 $[t-\tau, t]$ 上的力学行为的 (τ 为时滞). 例如黏弹性材料, 其瞬时加速度并非仅仅依赖于当前时刻, 它也与前一时段的应力、应变有关. 这种特性被形象地称为 "记忆依赖性". 相比之下, 通常的滑动平均却要在区间 $[t-\tau, t+\tau]$ 上来定义, 但是在 $(t, t+\tau]$ 时段上运动尚未发生, 如何能有依赖性? 这种预期依赖型的处理方式只关注了曲线的平滑性, 在道理上却是说不通的.

由于 EMD 方法采用的是一种自适应方案, 所抽出的 "趋势函数" 形式 (最多只含一个极值点) 的全局均线能在一定程度上反映全局变化. 但是这样的全局均线由于只能弯曲一次, 往往难以很好地体现总体变化趋势. 为了弥补这一缺陷, 可以将最后的几个低频模态叠加在一起. 当然, 需要叠加多少个模态是个问题. Moghtaderi 与其合作者们曾采用 "能量比率" 手段探讨过这一问题 [Moghtaderi, Borgnat & Flandrin (2011), Moghtaderi, Flandrin & Borgnat (2013)]. 顺便说明一下, 由于这一手段涉及相邻模态 "跨零点个数" 之间的比率 (对应频率比), 而它对筛选次数又极其敏感 [Wang & Li (2012)], 叠加产生的全局均线很难保证是最优的. 事实上, 与其将信号分解完了再叠加, 倒不如将分解直接于中途停止.

与 EMD 方法不同, 我们的 ESMD 方法并不将信号分解到最后至多只剩一个极点, 而容许最后剩余分量拥有一定数目的极值点. 这样做有两个好处:

(1) 这样的剩余分量能更好地反映数据的变化趋势;

(2) 可以在 "最小二乘" 意义下优化剩余分量使其成为最佳 "自适应全局均线", 进而可优化筛选次数得到最佳分解.

其实, 优化过程本身就很有价值, 它提供了一种寻求全局最佳拟合曲线的手段. 此手段在一定程度上比常用的 "最小二乘法" 和 "滑动平均法" 优越.

2.3 对称性与周期性问题

对称性与周期性紧密相关. 与 EMD 方法所采用的包络线对称不同, ESMD 方法采用的是极点对称. 这一差别促使我们重新思考 "周期" 这个最基本的概念.

　　对常值函数或单调函数讨论其周期或频率变化特征是没有意义的. 只有当物理量呈现出周期振荡特性时, 才适合引入频率概念以刻画其振动变化快慢. 最典型的振荡函数是 $A\cos\omega t$, 它对应着自然界中的物质在理想情况下的周期振动, 此处 A 和 ω 分别表示振幅和频率. 当然, 情况并非总是如此. 例如常见的阻尼振动, 虽然其频率保持不变 (决定于物理属性), 但是受空气阻尼的影响, 其振幅却是在不断衰减. 当然, 在弹性体受外力强迫时, 其振幅也可能会增大. 这种现象是非常普遍的. 为了从数学上刻画它, 我们曾将这种**频率不变而振幅变化**的函数命名为 "加权周期" 函数 [Wang & Li (2006, 2007), Wang & Zhang (2006)]. 加权周期函数的一种典型表达式是 $A(t)\cos\omega t$. 其实, 信号编码处理就经常采用这样的形式, $\cos\omega t$ 是高频载波信号, 而 $A(t)$ 是待传信息. 从数学上讲, 周期的概念还可以进一步推广成 $A(t)\cos\theta(t)$ 的形式, 其中相位 $\theta(t)$ 是一个连续递增函数. 为了表述方便我们将其称为 "广义周期" 函数. 事实上, EMD 的筛选过程就是试图获取一系列这样的本征模态函数. 既然要分解的是广义周期函数, 自然可以通过数学手段来抽取. 在这方面 Hou 与其合作者们 [Hou et al. (2009), Hou & Shi (2011, 2013)] 已经做出了一些有益探索. 总之, 周期概念的拓展关系如下:

$$\text{周期} \implies \text{加权周期} \implies \text{广义周期}$$
$$A\cos\omega t \qquad A(t)\cos\omega t \qquad A(t)\cos\theta(t)$$

　　对于周期函数来说, 由于其振幅和频率都是固定常数, 其对称性特征是十分明显的. 可将其理解成包络线对称, 也可将其理解成极点对称. 但是从物质的运动角度来说, 振动总是围绕其平衡点进行的. 所以极点对称实际上反映的是自身的局部对称性 (所有连接极大值点和相邻极小值点的线段中点都位于零值线上).

　　对于加权周期函数来说, 其频率是固定的, 振幅却是变化的. 在这种情况下其局部对称性特征是不明确的, 尽管从总体上来看它呈现出包络线对称的样子. 从极点对称的角度来看, 平衡点的位置于振动过程中也是变化的 (见图 2.1). 于是有

$$A(t)\cos\omega t = [A_r(t) + A_e(t)]\cos\omega t,$$

此处 $A_r(t)$ 和 $A_e(t)$ 可分别被视为振动的真实振幅和平衡点相对移动的振幅. 这表示平衡点的位置也以与振动相同的频率进行调整 (见图 2.2).

　　对于广义周期函数来说 (见图 2.3) 其振幅和频率都有变化. 在这种情况下, 其振幅固然可以同加权周期函数一样来理解, 其频率却不能被简单地视为真实频率, 原因在于平衡点的移动也会引起频率变化. 与加权周期函数相比, 广义周期函数所对应的振动要复杂得多. 仍以单摆为例, 此时不仅会受到空气阻力影响, 其悬挂点也可以是活动的 (见图 2.4). 对于这种情况, 振动可被视为两部分的合成:

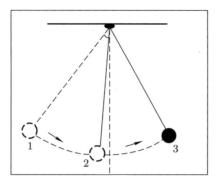

图 2.1 悬挂点固定情况下的单摆振动示意图. 在空气阻力作用下小球从最左侧位置 1 处摆动到最右侧位置 3 处, 其相对中点在中间靠左的位置 2 处

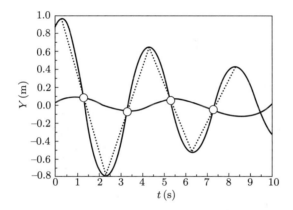

图 2.2 加权周期振动示例, 此处 $Y(t) = e^{-0.1t}\sin(\pi t/2 + \pi/3)$. 平衡点 (用 "o" 表示) 的位置在振动中会发生相位滞后的同频移动

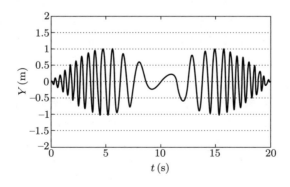

图 2.3 广义周期振动示例, 此处 $Y(t) = \sin(\pi t/10)\cos[\pi t(20 - t)/4]$

$$A(t)\cos\theta(t) = A_r(t)\cos\theta_r(t) + A_e(t)\cos\theta_e(t).$$

特别地, 当平衡点不移动即 $A_e(t) \equiv 0$ 时振幅 $A_r(t)$ 会退化为常值函数, 此时将对应等振幅振动 $A_r\cos\theta_r(t)$.

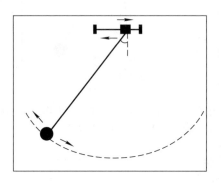

图 2.4　悬挂点可自由活动的单摆振动示意图

　　这一理解有助于揭示复杂系统的内在非线性机制. 引起平衡点位置调整的原因可能在于不同频率的子振动之间的相互作用. 就分解过程而言, 可将其理解为不同模态之间的相互作用. 这可能与物理上的 "多普勒效应" 有关. 将高频运动看成 "波", 则低频运动就相当于 "流", 后者对前者产生调制作用是可能的.

　　依照插值线的条数我们将 ESMD 分成 ESMD_I, ESMD_II, ESMD_III 等. 事实上, 它们的区别在于对 $A_e(t)\cos\theta_e(t)$ (可视为由所有极点对称中点插值产生的函数曲线) 的要求上. ESMD_I 采用严格极点对称插值, 要求所有的对称中点都接近零值线, 即 $A_e(t) \approx 0$. 此种情况对应模态函数的等振幅形式 $A_r\cos\theta_r(t)$. 从模态的物理含义方面来讲, 这一策略太过苛刻; ESMD_II 拓展了极点对称的概念, 容许平衡点按下述方式变化: **其运动轨迹 $A_e(t)\cos\theta_e(t)$ 关于对称中点的奇 – 偶插值曲线是包络线对称的**. 需要说明的是, 这两条包络线区别于通常的正负外包络线, 因为它们的符号是可以交替变化的. 分解试验表明, ESMD_II 的这种奇 – 偶极点对称能产生出与 EMD 的外包络线对称同样的效果; ESMD_III 进一步拓展了极点对称概念: **放宽了对 $A_e(t)\cos\theta_e(t)$ 的限制, 只要求两条插值线的和与第三条插值线对称即可**. 当然, 采用更多条插值曲线时, 此限制可进一步放宽. 但是考虑到由三条以上插值线得到的模态其对称度较低不利于时 – 频分析, 一般不建议采用. 就试验结果来看, 两条插值线给出的结果是最佳的.

2.4　瞬时频率问题

周期要相对于一段时间来定义, 而瞬时频率又需要按点来理解, 这被视为一对矛盾. 关于瞬时频率的争议由来已久. 从上一节的分析可知, 只有当运动呈现出周期振动状态时, 频率才有定义且被理解为往复运动的变化率. 据此, 有些学者认为在固定时刻点上讨论局部频率是没有意义的. 但是客观上的确又存在频率调整现象, 所以另一些学者认为频率是随时间变化的. 我们赞同后一观点. 其实从周期运动的本质来理解: **瞬时频率就是随时间变化的旋转角速度**. 众所周知, 周期函数 $\sin(\omega t)$ 对应于单位圆周上旋转角速度为常数 ω 的旋转运动 (见图 2.5). 旋转一周为 2π 弧度, 其历时 $T = 2\pi/\omega$ 即为周期. 由此可见, 频率与周期之间是速度和历时的关系. 在旋转过程中, 旋转角速度完全可以是变化的, 除了其均值外, 它与周期之间不存在单一的对应关系. 由此可见, 上述矛盾并不存在, 其产生源于关系式 $T = 2\pi/\omega$ 不可变的固有观念.

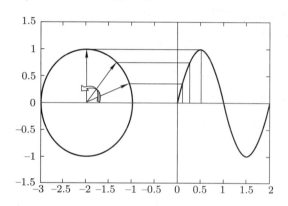

图 2.5   正弦函数与单位圆周的旋转角度对应关系示意图

郑祖光和刘莉红 (2010) [援引 Huang et al. (1998)] 曾以下述等振幅函数来说明频率调整现象:

$$Y(t) = A\cos\theta(t), \tag{2.4.1}$$

其中 $\theta(t) = \omega t + \varepsilon\sin(\omega t)$, 这里的参数 ω 和 ε 都是正常数. 从图 2.6 来看, 这种形式的函数是峰陡、谷平的周期函数 (满足 $Y(t + T) = Y(t)$, 其中 $T = 2\pi/\omega$). 也就是说, 从外观整体看这是一种平均频率不变的运动. 但是以旋转角速度的观点来看, 此时的频率却是变化的:

$$\Omega = \frac{d\theta}{dt} = \omega(1 + \varepsilon\cos(\omega t)), \tag{2.4.2}$$

这就是所谓的波内调制现象. 顺便说明一下, 由于存在 Nuttall 定理的限制, $H[\cos\theta(t)] \neq \sin\theta(t)$, 即使对于这种简单的等振幅解析函数而言希尔伯特变换也难以给出准确的瞬时频率, 更不要说 $A(t)\cos\theta(t)$ 及其他非光滑的离散数据了.

　　事实上, 从傅里叶变换、小波变换到希尔伯特变换, 不管这些积分变换如何

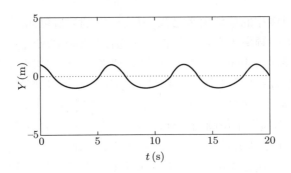

图 2.6　函数 $Y(t) = \cos(t + 0.5\sin(t))$ 的图像

定义, 它们其实都是时域上形式不变的滑动平均处理. 既然要分析的是离散数据, 为什么不直接由数据产生瞬时频率而要借助这些太过光滑的积分变换呢?

从研究文献来看, 对于频率的变化只存在粗略的估计方法. 有一种由来已久的所谓 "跨零点方法" 可以用来估算窄谱数据的平均周期 (频率). 当然这种方法只对跨零点个数和极值点个数相等的单组信号有意义. Huang et al. (2009a) 结合滑动平均处理手段将跨零点的半周期计算拓展到四分之一周期:

$$\bar{\omega} = \frac{1}{12}\left(\frac{1}{T_1} + \sum_{j=2}^{2}\frac{1}{T_{2j}} + \sum_{j=1}^{4}\frac{1}{T_{4j}}\right) \tag{2.4.3}$$

能对时间轴上的瞬时频率进行分段估计. 在这里 T_1, T_2, T_4 分别表示该点所在的 1/4 周期 (极点到相邻零点之间的时段)、1/2 周期 (极大值点到相邻极小值点或两相邻零点之间的时段) 和完整周期. 这种估算方式是一种进步. 其自评为: (1) 和其他方法相比不需要积分和求导, 是直接的、稳健的、更准确的局部平均; (2) 缺陷在于频率的局部化不强, 1/4 周期时段上没有分别, 表达不了波内频率调制. 这种直接由数据来估算频率的想法是值得借鉴的, 其不连续性有待改善.

另外, 作为时刻变化的瞬时频率, 它应该能够反映图 2.7 中的间歇现象. 不能为了处理方便而刻意回避这种等值相邻情况. 当振动在极值点处、跨零点处或任何其他位置处停歇时, 瞬时频率都应当为零. 当然, 在变化与非变化的几个衔接点处, 频率是没有定义的. 不过这没有关系, 因为数据本身就不是光滑的. 既然周期要相对于一段时间来定义而频率又要求时时变化, 进行插值处理应当比滑动平均处理更好. 有鉴如此, 我们抛弃了时频分析要依赖积分变换的传统观念, 提出了 "直接插值法", 可由离散数据直接生成瞬时频率而无需受 Bedrosian 定理和 Nuttall 定理的束缚.

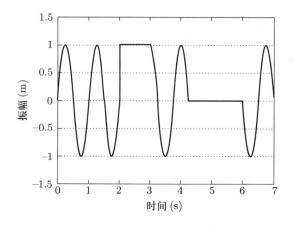

图 2.7 间歇性周期振动示例

2.5 经验模的定义问题

EMD 方法所定义的本征模态函数需满足下述两个条件 [Huang et al. (1998), Huang & Shen (2005)]:

(1) 函数的极值点个数与跨零点个数相等或仅差一个;

(2) 对于每一时刻 t, 函数的上包络线与下包络线的均值为零.

对第一个条件可作下述理解: 模态不能有等值极点, 且局部极大值点和极小值点是间错排列的, 中间只能有一个零点, 所有的极大值都是正的, 所有的极小值都是负的. 如 Huang et al. (1998) 所述, 这一要求是为了合理地定义瞬时频率, 却未能包含图 2.7 所示的情况. 其实从物理角度来看, 出现这种间歇现象是正常的. 所以有必要放宽这一限制条件.

第二个条件要求模态具有包络线对称性. 这一限制是为了方便由希尔伯特变换导出有意义的瞬时频率. 既然可以不用希尔伯特变换, 这一要求也是可以放宽的. 另外, 使模态严格对称实际上是做不到的 [Wang & Li (2012)], 因而应当容许本征模态函数有一定误差. 注意到 ESMD_II 的奇 – 偶型极点对称能产生出与 EMD 的外包络线对称同样的效果, 而 ESMD_III 的三线插值具有更宽泛的对称性, 此条件也是需要放宽的.

基于上述分析, 我们将定义本征模态函数的两个条件拓宽为:

(1) 将相邻等值极点视为一个, 函数的局部极大值点和极小值点要间错排列, 所有的极大值都是正的, 所有的极小值都是负的;

(2) 函数几乎是包络线对称的或广义极点对称的 (不限于一线插值).

　　需要说明的是, 包络线对称和奇 – 偶型极点对称都是非常好的对称形式, 所给出的模态具有适当的频率变化和振幅变化, 而像 ESMD_III 那样的三线对称, 其对称度较低会给时 – 频分析带来困难.

第 3 章　与高次筛选有关的三大悬疑问题

经验模态分解方法 (简称 EMD 方法) 通过筛选过程将一组随机数据 (即观测时间序列) 分解成一系列固有模态函数. 在此过程中实施的是上、下包络线对称规则, 但是在计算机上进行数据处理时, 严格对称是达不到的. 这涉及高次筛选能否提高对称度等悬疑问题, 而这些问题又是发展无基分解方法难以回避的. 本章将介绍我们在这方面的探索性研究成果 [见 Wang & Li (2012)].

3.1　高次筛选的困惑

EMD 方法的使用者难免要受到如何选取筛选次数或终止条件的困惑, 毕竟不同的选择其分解结果是不同的. 这种困惑源于对模态的变化情况缺乏了解. **当筛选次数趋于无穷时模态的渐近性态如何?** 这一问题其实包括了如下三个悬疑问题:

(1) 是否筛选次数越高模态的对称性越好?
(2) 是否无穷次筛选会使模态的包络趋于直线?
(3) 是否无穷次筛选会使相邻模态的平均频率趋同?

其中第一悬疑直接与上述的困惑有关, 这对于能否有效施行 EMD 方法至关重要. 它所涉及的筛选终止判据问题已在第 2 章第 1 节介绍过了. 在四种判据中, 若只关注模态的对称性, 则均值曲线形式和柯西 II 型都可采用, 只不过柯西 II 型在刻画模态的渐近性态方面不太理想, 原因是此判据与准模态 (对应于一定筛选次数的近似对称信号) 自身相关. S 数形式和柯西 I 型不直接反映对称性, 但暗含着模态变化的间歇性特征及相对稳定筛选区间的可能存在性 (模态在这些区间上能几乎保持不变). 当然, 其合理性有赖于对前两个悬疑的破解. Wu & Huang (2009, 2010) 将筛选次数固定在 10 次, 这是一种权宜之计. 一方面要让模态有较高的对称度, 另一方面又要减少高次筛选带来的不利影响. 当然, 这一折中方案与认可后两个悬疑不无关系.

从 Wang et al. (2010) 的理论结果来看, 第二个悬疑似乎是真的. 可惜计算机检验不了这种极限情况, 除非有令人信服的间接方法.

第三个悬疑与 Wu & Huang (2010) 的猜想有关. 他们猜想, 当筛选从数次增加到无穷次时, EMD 分解相当于滤波器 [Flandrin et al. (2004)], 其过滤比率从 2 逐渐递减到 1. 也就是说, 对于低次筛选前一模态的平均频率大约是后一模态的两倍 (总是先产生高频模态), 随着筛选次数增高此两相邻模态的平均频率会越来越接近. 若此悬疑为真, 将会有无穷个固有模态. 若第二悬疑也是真的话, EMD 将退化为傅里叶变换. 这是一个很诱人的结果. 但是如果第一悬疑不真而对称度时高时低的话, 则超过了一定阈值之后, 持续筛选很可能只能带来模态的小扰动而不再增加极值点. 这样的话, 相邻频率的比率也将不再下降. 这里还有一个频率分布问题, 也有待通过实测数据来探究.

在这三个悬疑中, 第一个最重要. 若它不真则其余两个也不真. 当然, 这一问题不是靠观察几个 EMD 分解结果就能解决的, 需要另辟蹊径. 我们想到, 既然包络线的均值曲线能够反映对称度, 不妨考察一下它随筛选次数的变化情况. 一开始我们只想作几万次试验看看结果, 没想到居然发现了对称度的 "间歇振荡" 规律, 使原本遥不可及的问题明朗化了.

3.2　悬疑一: 是否筛选次数越高模态的对称性越好

由于模态的对称性特征依赖于上、下包络线的均值曲线 $m(t)$, 我们可用其最大振幅 $A_{\max}$ 来反映对称度. 若悬疑一为真, 则当筛选次数 $k \to +\infty$ 时必有 $A_{\max} \to 0$. 然而, 如果超过一定次数后 $A_{\max}$ 呈现出有规律的间歇跳跃状态而不再减小, 则基本可认定此悬疑是假的. 为了使描述更客观我们将 $A_{\max}$ 代之以无量纲比率参数 $A_{\max}/\sigma$, 此处 σ 是数据的标准差. 对给定的数据来说标准差是确定的, 所以这种比率形式不依赖于筛选过程. 此处我们只关注由 EMD 产生的前两个模态, 其计算流程如下:

(1) 对于不同的筛选次数 k 计算比率 $A_{\max}/\sigma$ 直到 k 达到预先设定的最大次数 $k_{\max}$, 抽出模态 1;

(2) 对剩余信号重复第一步, 抽出模态 2;

(3) 作图.

调查过程中曾采用了大量数据, 此处以实测风速数据和白噪声数据为例来说明. 风速数据选用的是海上固定平台上以 20Hz 采样获取的顺风向风速分量. 白噪声是由计算机随机产生的. 之所以选择白噪声, 是为了便于与 Wu & Huang (2010) 的结果相比较.

为了能充分体现变化规律, 我们对风速数据和白噪声数据分别选择了 10 万次和 15 万次筛选. 顺便说明一下, 这么高次的筛选需要恰当的边界处理, 要不然边界扰动会极大地干扰内部信号. 经过大量尝试, 我们发现改进后的线性插值方法具有很好的稳定性 (见图 3.5 和图 3.6). 这也是 ESMD 方法所要采用的, 具体介绍见第 4 章. 由图 3.1–3.4 可见, 比率 $A_{\max}/\sigma$ 随筛选次数的变化的确呈现出间歇跳跃特性. 例如, 从图 3.2 的细部来看模态 1 的比率几乎呈周期振荡状态. 模态 2 的比率虽然有更多变化, 但是其最小值却几乎不变. 这一现象并非个例, 为此我们还调查了海面气压数据 (0.5Hz 采样, 600 个数据点) 和年际气温数据 (日平均, 1200 个数据点), 也发现了这种间歇跳跃现象. 看来这种现象具有普遍性, 基本可以认定悬疑一是假的.

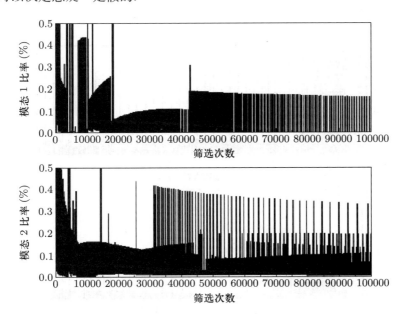

图 3.1 风速数据前两个模态的比率 $A_{\max}/\sigma$ 随筛选次数的变化 (1 至 10 万次)

这种间歇跳跃现象是如何产生的呢? 下面给出我们对此问题的理解. 多次筛选之后模态已经有了较高的对称度, 再增加筛选也只能于一定程度上给均值曲线 $m(t)$ 带来轻微调整. 受其影响, 极值点的位置也将发生轻微调整, 进而引起

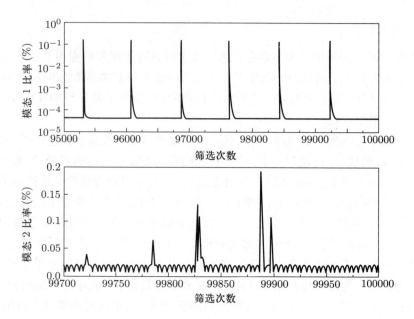

图 3.2　图 3.1 的细部

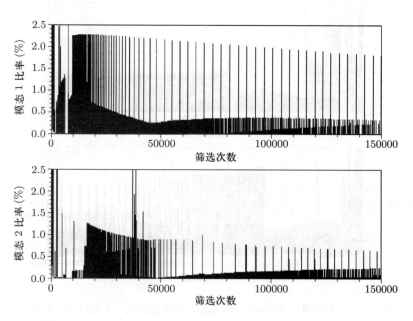

图 3.3　白噪声数据前两个模态的比率 $A_{\max}/\sigma$ 随筛选次数的变化 (1 至 15 万次)

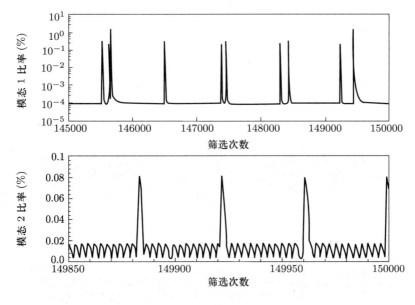

图 3.4　图 3.3 的细部

插值包络线的持续调整. 当极点位置的调整积累到一定程度后 (例如, 两相邻极大值点的间距被拉得过大时), 相应插值曲线会发生突然跳转从而导致均值曲线 $m(t)$ 发生较大变化. 若再增加筛选模态又会发生进一步的持续调整. 如此, 持续调整状态和突然跳转状态会轮流出现. 总之, 在持续调整时对称性会变好而在突然跳转时又会变坏.

3.3　悬疑二: 是否无穷次筛选会使模态的包络趋于直线

从 Wang et al. (2010) 的理论推导可知, 要保证模态的上、下包络线蜕化为直线, 必须在 $k \to +\infty$ 时有 $A_{\max} \to 0$. 但是从上一节的分析可知, 这种理想结果实际上是达不到的. 由图 3.5 和图 3.6 可见, 即使经历了 10 万次 (风速数据) 和 15 万次 (白噪声数据) 这样高次的筛选, 模态的振幅依然存在很大变化, 未见包络线拉直现象. 为此我们还尝试了其他观测数据, 结果也是如此. 当然, 振幅调整减缓的迹象是有的, 不过只发生在低次筛选.

按照前一节的分析结果来看, 不断地增加筛选次数并不能使对称性持续增强, 而会使其发生时好时坏的变化. 所以即使筛选次数很高, 振幅变化还是会继续存在的. 就我们所分析的实测数据而言未见等振幅模态出现. 当然, 若数据本身就是由周期函数合成的则另当别论, 因为这样的分解很简单只需数次筛选即可.

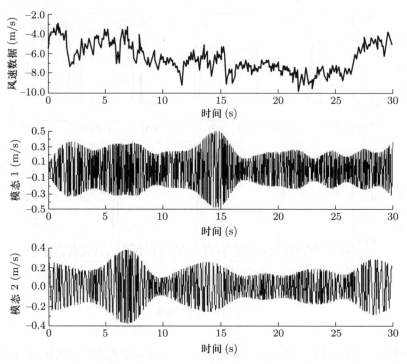

图 3.5   对风速数据施行了 10 万次筛选的部分 EMD 分解结果

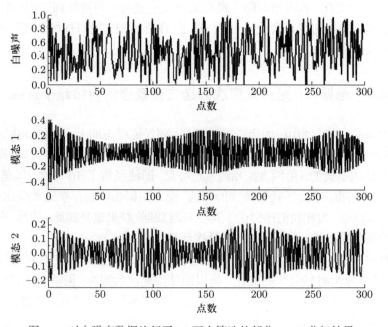

图 3.6   对白噪声数据施行了 15 万次筛选的部分 EMD 分解结果

3.4　悬疑三: 是否无穷次筛选会使相邻模态的平均频率趋同

有鉴于模态 n 的平均频率 f_n 可以由其极大值点个数 M_n 来估计:

$$f_n = \frac{M_n}{T},\tag{3.4.1}$$

此处 T 表示数据的总时长, 下面我们只关注 M_n 的变化. 由图 3.7 可见, 极大值点个数呈现增加趋势. 从其低次筛选部分的图 3.8 可见存在一些间隔的区间, 在这些区间上连续筛选时其极点个数会保持不变, 例如在第一个模态的区间 [11, 50] 上就是这样. 从这个意义上来说, Huang et al. (2003) 所采用的 S 数形式的终止判据是有其合理性的.

对应于图 3.7, 在 $k \geqslant 17903$ 后 M_1 不再变化而在 $k \geqslant 14219$ 后 M_2 在 144 和 145 之间来回振荡 (图 3.9). 事实上, 不只风速如此, 白噪声也如此. 此时在 $k \geqslant 7832$ 后 M_1 就不再变化而在 $k \geqslant 66964$ 后 M_2 于 81 和 82 之间来回振荡 (图 3.10). 此外我们还检验了海面气压数据 (0.5Hz 采样, 600 个数据点), 其 M_1 和 M_2 分别在 52167 次和 26013 次筛选后不再变化 (图形省略).

依照这些极大值点个数自然可以借助公式 (3.4.1) 计算相邻模态之间的频率比:

$$\frac{f_1}{f_2} = \frac{M_1}{M_2}.\tag{3.4.2}$$

对于 600 个点的风速数据, 在筛选次数超过 17903 后其比率维持在 1.44 与 1.45 之间; 对于 600 个点的气压数据, 在筛选次数超过 52167 后其比率固定在 1.54; 对于 300 个点的白噪声数据, 在筛选次数超过 66964 后其比率维持在 1.40 与 1.42 之间. Wu & Huang (2010) 对于 256 个点的白噪声所给出的全部模态的总平均比率是 1.35, 相应的筛选次数是 $2^{16} = 65536$. 由此可见, 我们的结果与 Wu & Huang (2010) 的结果是基本吻合的. 其出入之处在于: 数据不同 (白噪声是随机产生的); 数据点数不同; 筛选次数不同; 一个是前俩模态之比而另一个是全部相邻模态比值的总平均. 这里自然引申出一个问题: 是否所有相邻模态的比值基本相同? 这一问题留待下一节讨论.

从上述试验结果可知, 前两个模态的平均频率是不能无限靠近的. 以白噪声为例, 即使筛选超过了 15 万次这一比率仍然高于 1.40. 这基本可以认定悬疑三是假的. 从理论上来讲, 由于模态的对称度呈现间歇变化特征, 超过了一定阈值之后, 继续筛选只能给模态带来小的振荡而不能产生新的极值点, 模态频率不再增加也就很正常了. 另外, 由于采用的是包络线对称规则, 用于上包络线插值的只占全部极点的一半, 下包络线插值也这样, 所以它们的均值曲线只包含了待分解信号大约一半的极点. 若只有一次筛选, 则第二个模态就需从此均值曲线中产生. 如此看来, 只经一次筛选产生的相邻模态, 其平均频率之比基本维持在 2 左右. 不过, 若经多次筛选, 模态 2 需由多条均线叠加的剩余信号中产生, 其极点个数会因叠加而有所增加, 从而导致比率有所下降. 但是, 由于第一条均线的极点个数只是原信号的一半, 第二条的会少一些, 第三条的更少 …… 第 N 条之后的几乎就是平的. 叠加后面的均线只会引起第一条均线的轻微变形, 增加少数极点是正常的. 但由于高次筛选产生的均线振幅太小, 很可能不足以导致大的弯曲而增加极点, 所以这只是有限增加, 与前一模态的总量相比还是差得很多.

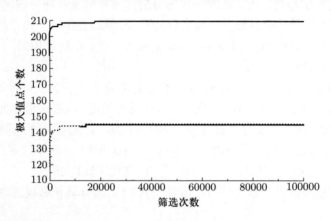

图 3.7 风速数据模态 1 和 2 的极大值点个数随筛选次数的变化情况 (实线为 M_1, 虚线为 M_2)

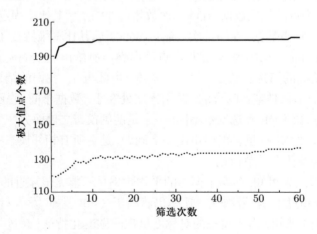

图 3.8   图 3.7 于区间 [1, 60] 上的细部

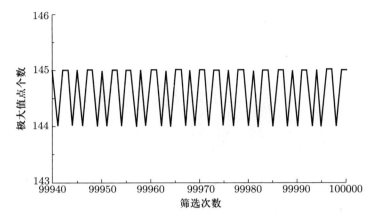

图 3.9 风速数据模态 2 的 M_2 随筛选次数的细部变化

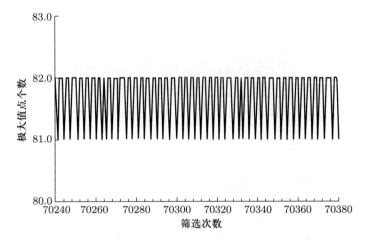

图 3.10 白噪声数据模态 2 的 M_2 随筛选次数的细部变化

3.5 频率分布特征与模态个数估计

频率分布问题直接与悬疑三有关, Wu & Huang (2010) 曾利用 256 个点的白噪声对此做过研究. 其变化规律有待进一步检验. 为此我们调查了大量的实测数据 (图 3.11–3.16). 为了获取客观的分布特征相应数据量一般都选为 10000 点以上.

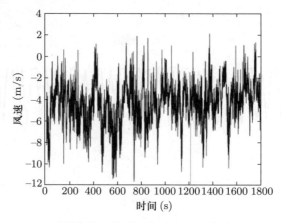

图 3.11　以 20Hz 采样频率于海洋固定平台上观测到的顺风向风速数据

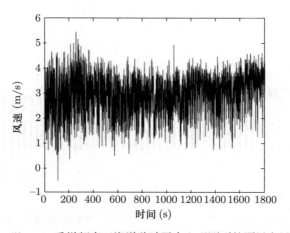

图 3.12　以 20Hz 采样频率于海洋移动平台上观测到的顺风向风速数据

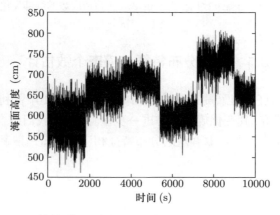

图 3.13　以 10Hz 采样频率观测到的海面高度数据 (每隔 3 小时测量 0.5 小时)

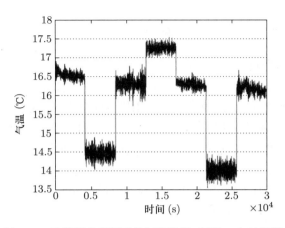

图 3.14 以 0.5Hz 采样频率观测到的气温数据 (每隔 3 小时观测 0.5 小时)

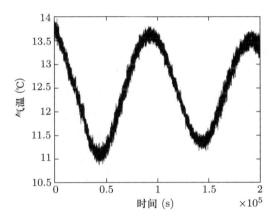

图 3.15 以 0.5Hz 采样频率观测到的气温数据 (连续观测)

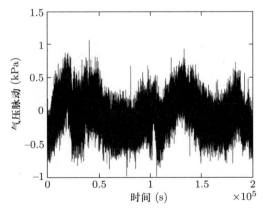

图 3.16 以 0.5Hz 采样频率观测到的大气压力脉动数据

3.5.1　误差条件对频率分布的影响

由 3.2 节的研究可知, 模态的对称度会随筛选次数的增加发生间歇跳跃性变化. 这一特征说明固定筛选次数形式的终止判别法是比较盲目的, 不适用于探讨模态的频率分布问题. 在此我们依然采用均值曲线形式. 再注意到数据量都很大, 用 $A_{\max}/\sigma$ 多有不便, 此处直接采用 $A_{\max} \leqslant \varepsilon$ 作为误差容许条件. 这里的 ε 是一个预先设定的小常数, 它对频率分布会有什么影响呢? 下面我们就来探讨这一问题.

对第一组数据 (图 3.11) 施行 EMD 分解, 计算各模态的极大值点个数, 进而可求得极点分布. 由图 3.17 可见, 模态 n 相对于模态 1 的极大值点个数之比在取对数后随模态数基本呈线性递减规律:

$$\ln\left(\frac{M_n}{M_1}\right) = -\alpha(n-1), \tag{3.5.1}$$

此处 α 是一常数. 图 3.17 也反映了这样一个规律: 小的误差 ε 一般会对应小的 α (较多的极点) 和较多的模态. 其他 5 组数据也显示了类似的规律. 另外, 依据前一节的结果可知当筛选次数高到一定程度后极点个数就不再增长了, 所以出现一个稳定的频率分布是完全可能的, 只要使 ε 充分小即可. 此图中还画出了 10 次筛选下的结果. 比较结果显示, 就此风速数据而言, 由 Wu & Huang (2010) 所建议的终止判据相当于 $\varepsilon > 0.1$ 情况下的平均曲线形式. 这个容许误差比较大, 得到的模态对称度比较低, 不利于后续的时 – 频分析.

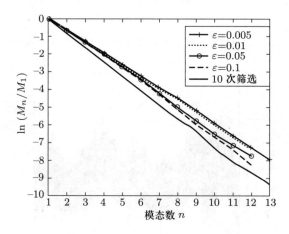

图 3.17　不同容许误差下 $\ln(M_n/M_1)$ 随模态数 n 的分布

3.5.2 频率分布的统计特征

由于对称模态的极大值点数与极小值点数分别约占总数的一半, 所以 "极大值点数" 在称呼上往往用 "极点数" 代替, 其实它们之间是 2 倍关系, 不影响比率. 对前面的 6 组数据施行 EMD 分解, 模态的极点分布情况收集在表 3.1 中. 此统计表显示出一个异于常识的有趣现象: **模态 1 比原始数据的极点数多**. 在这些数据中, 波浪的极点数增加最多. 用 M_0 表示原始数据的极大值点个数, 则其模态 1 的极点数的相对增加量是

$$\frac{M_1 - M_0}{M_0}\% = \frac{34704 - 11200}{11200}\% \approx 210\%,$$

由此可见, 原始数据的极点数不宜作为极点分布的参考值. 由于要考察的是模态的极点变化情况, 不妨选取模态 1 的 M_1 作为参考值. 依照表 3.1 所作的 $\ln(M_n/M_1)$ 随模态数 n 的分布见图 3.18.

表 3.1 极点分布统计表

数据	Wind1	Wind2	Wave	Temp1	Temp2	Press
总数据点数	36 000	36 000	100 000	14 200	100 000	100 000
数据极点数	9 678	9 206	11 200	1 078	7 362	32 043
模态 1 极点数	11 756	11 576	34 704	1 211	9 816	35 318
模态 2 极点数	5 863	5 739	10 737	702	5 019	18 472
模态 3 极点数	3 029	2 926	3 596	445	3 200	9 855
模态 4 极点数	1 600	1 533	2 006	249	1 930	5 752
模态 5 极点数	824	789	1 248	121	1 129	3 326
模态 6 极点数	446	410	745	63	650	1 867
模态 7 极点数	244	230	411	30	363	981
模态 8 极点数	136	131	240	18	184	496
模态 9 极点数	66	79	137	12	93	232
模态 10 极点数	32	46	77	7	55	106
模态 11 极点数	16	24	45		29	46
模态 12 极点数	8	13	24			22
模态 13 极点数	4	7	16			10
模态 14 极点数			8			4
⋮						
剩余极点数						
误差条件	0.005	0.005	0.01	0.005	0.005	0.005

注: 为节省程序运行时间, 此处省略了某些高模态的极点数.

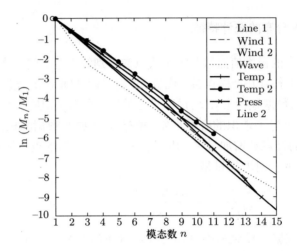

图 3.18　6 组数据的 $\ln(M_n/M_1)$ 随模态数 n 的分布, 其中上、下两条直线 (Line 1 和 Line 2) 分别代表函数 $\ln(M_n/M_1) = -\ln 2\,(n-1)$ 和 $\ln(M_n/M_1) = -0.56\,(n-1)$

先来探讨一下模态 1 的极点数增多的问题. 这看上去不合常理, 其实是有其深层原因的:

(1) 原始观测数据是随机的、离散的、非光滑的, 在筛选过程中极点的位置不会连续调整;

(2) 筛选规则决定了由两条光滑包络线产生的均值曲线也是光滑的, 由此得到的模态 2 及之后的模态必然也是光滑的, 非光滑部分都留在了模态 1 中;

(3) 若将原始数据的相邻点之间用线段连接, 则增加一次筛选就相当于对这些线段做一次局部旋转处理, 使得普通点有机会变成极点.

随着筛选次数增高将有越来越多的普通点变成极点, 相邻普通点中的一个变成极大值点另一个变成极小值点的情况会越来越多. 筛选 10 万次后, 像图 3.5 中的模态 1 那样, 原来所有的点都会变成极点. 这是一种极端情况. 达到这种程度后, 频率就等于采样频率, 再不会增加了.

另外, 从数据分析的角度来说, 普通点变成极点的个数越少越客观, 所以高次筛选是不利的. 这其实是 "不建议采用高次筛选" 的一个深层原因, 而不仅仅是担心 "过高次的筛选会消除振幅的固有变化而使其失去物理意义", 因为振幅变化在极限情况下依然存在.

由图 3.18 可见, 除了波浪数据之外, 其他 5 组数据的极点分布大致服从如下规律:

$$\ln\left(\frac{M_n}{M_1}\right) = -\alpha(n-1), \tag{3.5.2}$$

其中 $0.56 \leqslant \alpha \leqslant \ln 2$. 波浪数据的分布大致呈分段线性形式:

$$\ln\left(\frac{M_n}{M_1}\right) = \begin{cases} -1.15(n-1), & 1 \leqslant n \leqslant 3, \\ -2.3 - 0.56(n-3), & n \geqslant 3. \end{cases} \tag{3.5.3}$$

为了与包络线对称的分解规则相一致 (包络线插值只用了一半极点), 可将对数的底数由无理数 e 替换成自然数 2. 此时 (3.5.2) 变成:

$$\log_2\left(\frac{M_n}{M_1}\right) = -r(n-1), \tag{3.5.4}$$

其中 $0.8 \leqslant r = \alpha/\ln 2 \leqslant 1$. 考虑到极大值点个数 M_n 约为总极点数 N_n 的一半, 可将其替换为极点数的描述方式, 其公式为

$$N_n = N_1 \cdot 2^{-r(n-1)}, \tag{3.5.5}$$

这就是最终的极点分布公式. 进一步, 可再利用平均频率与极大值点个数之间的比例式 (3.4.2) 将其转化为频率分布公式:

$$f_n = f_1 \cdot 2^{-r(n-1)}, \tag{3.5.6}$$

这和 3.4 节的结果是一致的. 当然了, 参数范围 $0.8 \leqslant r \leqslant 1$ 只是由上述 6 组数据在适当的误差条件下获得的. 若让 ε 减小的话, 参数 r 也会跟着减小直到某一正的下界. 因此, 对于一般的数据而言, 参数的合理范围是 $0 < r \leqslant 1$.

另外, 像波浪数据那样呈分段线性分布的情况, 也可以如此考虑. 只不过参数有两个罢了. 此时有

$$N_n = \begin{cases} N_1 \cdot 2^{-r_1(n-1)}, & 1 \leqslant n \leqslant n_0, \\ N_1 \cdot 2^{-r_1(n_0-1)-r_2(n-n_0)}, & n \geqslant n_0. \end{cases} \tag{3.5.7}$$

这里 n_0 是比率发生转变的模态. 其相应的频率分布也可同样导出, 不再赘述.

3.5.3 模态数计算公式

公式 (3.5.5) 也可反过来用于模态数的计算. 将分解一直持续到只剩一个极值点, 则总模态数可由下述公式来估计:

$$n = 1 + \mathrm{R}\left[\frac{1}{r}\log_2(N_1)\right], \tag{3.5.8}$$

其中 N_1 为第一个模态的极点个数, $0 < r \leqslant 1$ 是一个比例系数, 它与容许误差条件有关, R[] 是取整函数 (保留实数的整数部分). 相应于 (3.5.7) 的分段形式也有:

$$n = n_0 + \mathrm{R}\left[\frac{1}{r_2}\log_2(N_1) - \frac{r_1}{r_2}(n_0 - 1)\right]. \tag{3.5.9}$$

对于此问题 Wu & Huang (2009) 曾给出过如下估计式:

$$n = \mathrm{R}[\log_2(N)], \tag{3.5.10}$$

其中 N 代表原数据的总点数. 从理论上讲这一公式是很粗糙的, 毕竟模态的数目是决定于极点分布与终止条件的. 其实, 从上一节的调查结果来看, 连原数据的极点总数都不宜作为参考值, 何况是总点数呢! 另外, 较小的容许误差意味着较小的 r 和较多的模态, 这些特点该公式也没有体现出来. 不过从应用的角度来说, 只要是筛选次数不很高此公式的估计偏差, 还是可以接受的. 下面我们用表 3.1 的统计结果来检验一下.

对于 Wave, Temp 2 和 Press 这三组数据来说, 它们的总点数都是 100000, 所以由公式 (3.5.10) 得:

$$n = \mathrm{R}[\log_2(100000)] = \mathrm{R}[16.61] = 16. \tag{3.5.11}$$

此时 Wave 数据对应

$$N_1 = 2M_1 = 2 \times 34704 = 69408,$$
$$r_1 = 1.15/\ln 2 \approx 1.66,$$
$$r_2 = 0.56/\ln 2 \approx 0.81,$$
$$n_0 = 3.$$

将它们代入 (3.5.9) 得

$$n = 3 + \mathrm{R}\left[\frac{1}{0.81}\log_2(69408) - \frac{1.66}{0.81}(3-1)\right] = 18. \tag{3.5.12}$$

Temp 2 数据对应 $N_1 = 19632, r = 0.82$, 将它们代入 (3.5.8) 得

$$n = 1 + \mathrm{R}\left[\frac{1}{0.82}\log_2(19632)\right] = 18. \tag{3.5.13}$$

同样地, 由 Press 数据可得 $n = 17$. 所以, 就所给的三组数据来说, 公式 (3.5.10) 会低估 1 个或 2 个模态. 另外三组数据 (Wind 1, Wind 2 和 Temp 1) 所给出的模态数也较少, 分别是 15, 15, 13 对 15, 16, 14.

看上去公式 (3.5.10) 所给出的估计值出入不大. 模态数对于数据点数的这种非敏感依赖性主要体现在对数运算上. 其实,

$$n = \mathrm{R}[\log_2(2N)] = 1 + \mathrm{R}[\log_2(N)], \tag{3.5.14}$$

这就是说, 当数据点数增加一倍时才只会增加一个模态. 考虑到模态 1 的极点个数与原数据点个数也就是数倍之差, 出现上述较为接近的结果就不足为奇了.

第 4 章 ESMD 方法第一部分: 模态分解

ESMD 方法是 "极点对称模态分解方法" 的简称, 是希尔伯特 – 黄变换的新发展. 其主要成果见于 Wang & Li (2013). 它由模态分解和时 – 频分析两部分组成, 本章介绍其第一部分.

此处只考虑一维观测数据, 即通常所谓的 "时间序列", 记为 $\{Y(t_k)\}_{k=1}^{N}$, 其中 N 是一个正整数. 在做模态分解之前, 观测仪器的采样频率必须是已知的, 否则会影响后续的时 – 频分析. 在将相邻等值极点视为一个的情况下, 数据的极大值点和极小值点应当是间错排列的. 这是一个基本常识. 为处理方便, 我们通常选取等值极点中的第一个点作为代表. 如无特别说明, 本章所涉 "插值曲线" 均指 "自然三次样条插值曲线".

4.1 ESMD 程序算法

为了方便使用者编程, 此处提供详细的分解算法如下:

第 1 步: 找出数据 Y 的所有极值点 (极大值点和极小值点) 并将它们依次记为 E_i $(i = 1, 2, \cdots, n)$;

第 2 步: 对相邻极点用线段连接并将线段中点依次记为 F_i $(i = 1, 2, \cdots, n - 1)$;

第 3 步: 通过一定方式补充左、右边界中点 F_0, F_n (后面会提供线性插值法);

第 4 步: 利用所获取的 $n+1$ 个中点构造 p 条插值线 $L_1, \cdots, L_p$ $(p \geqslant 1)$ 并计算它们的均值曲线 $L^* = (L_1 + \cdots + L_p)/p$;

第 5 步: 对 $Y - L^*$ 重复上述步骤直到 $|L^*| \leqslant \varepsilon$ (ε 是预先设定的容许误差) 或筛选次数达到了预先设定的最大值 K. 此时分解出第一个经验模 M_1;

第 6 步: 对 $Y - M_1$ 重复上述步骤依次获得 $M_2, M_3 \cdots$ 直到最后余量 R 只剩一定数量的极点;

第 7 步: 让最大筛选次数 K 于整数区间 $[K_{\min}, K_{\max}]$ 内变化并重复上述步骤得一系列分解结果, 进而计算方差比率 σ/σ_0 并画出它随 K 的变化图, 其中 σ 和 σ_0 分别是 $Y - R$ 的相对标准差和原始数据 Y 的标准差;

第 8 步: 于区间 $[K_{\min}, K_{\max}]$ 中挑出对应最小方差比率 σ/σ_0 (意味着 R 为数据的最佳拟合曲线) 的最大筛选次数 K_0, 据此重复前六步输出分解结果.

下面对此算法所涉问题进行逐个讲解:

第 3 步涉及边界处理, 这是一个 "仁者见仁, 智者见智" 的问题. 在 Wu & Huang (2009) 所提出的线性插值法基础上, 我们改进了过陡情况. 这种经过改良的线性插值法具有很好的稳定性, 即使筛选 10 万次以上也行 (见图 3.5 和图 3.6). 下面以左边界处理为例作出说明.

用第一个和第二个极大值点作线性插值, 再用第一个和第二个极小值点作线性插值, 如此得到两条插值线. 为说明方便, 我们将上面的线记为 $y(t) = k_1 t + b_1$, 下面的线记为 $y(t) = k_2 t + b_2$. 再将数据的第一个值记为 Y_1. Wu & Huang (2009) 是按照下述两种情况补充边界极点:

(1) 若 $b_2 \leqslant Y_1 \leqslant b_1$ 则将 b_1 和 b_2 分别定义为边界极大值点和极小值点;

(2) 若 $Y_1 > b_1$ (或 $Y_1 < b_2$) 则将 Y_1 和 b_2 (或 b_1 和 Y_1) 定义为边界极大值点和极小值点.

但是如果边界点 Y_1 偏离插值线太远 (边界陡峭) 的话, 这种处理会致使分解不稳定, 感染内部信号. 为此我们将其替换为如下三条 (见图 4.1):

(1) 若 $b_2 \leqslant Y_1 \leqslant b_1$ 则将 b_1 和 b_2 分别定义为边界极大值点和极小值点;

(2) 若 $b_1 < Y_1 \leqslant (b_1 + b_2)/2 + (b_1 - b_2) = (3b_1 - b_2)/2$ (或 $(3b_2 - b_1)/2 = (b_1 + b_2)/2 - (b_1 - b_2) \leqslant Y_1 < b_2$) 则将 Y_1 和 b_2 (或 b_1 和 Y_1) 定义为边界极大值点和极小值点;

(3) 若 $Y_1 > (3b_1 - b_2)/2$ (或 $Y_1 < (3b_2 - b_1)/2$) 则将 Y_1 定义为边界极大值点 (或极小值点), 并用第一个极小值点引出的直线 $y(t) = k^* t + b^*$ 来定义边界极小值点 (或极大值点), 此处斜率 k^* 决定于过左边界点 $(0, Y_1)$ 和第一个极大值点的直线.

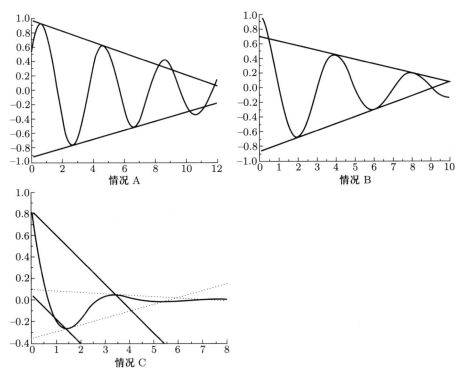

图 4.1 改进的线性插值法对左边界处理的三种情况, 情况 A: $b_2 \leqslant Y_1 \leqslant b_1$; 情况 B: $b_1 < Y_1 \leqslant$ $(3b_1 - b_2)/2$; 情况 C: $Y_1 > (3b_1 - b_2)/2$

第 4 步决定了插值方式, 也影响着分解效果. 根据插值线的条数不同, 我们可以将 ESMD 划分成 ESMD_I, ESMD_II, ESMD_III 等类型. ESMD_I 利用所有对称中点作一条插值线; ESMD_II 利用对称中点作两条插值线, 一条由奇序数的中点插值产生, 另一条由偶序数的中点插值产生; ESMD_III 利用对称中点作三条插值线, 分别由中点中编号为 $3m + 1, 3m + 2$ 和 $3(m + 1)$ $(m = 0, 1, \cdots)$ 的子列插值产生. 当然, 也可以据此规则作更多的插值线. 不过由于多线策略产生的模态对称度低, 我们不建议使用高于三线的分解策略.

第 5 步是筛选终止条件, 和第 2 章提到的四种类型都不一样. 除了容许误差 ε 外, 最大筛选次数 K 也是可调参数. 这样做是有益的. 一方面, 若 ε 是唯一的可调参数, 则筛选很可能会陷入死循环而停不下来; 另一方面, 若 K 是唯一的可调参数, 则在有限次筛选下模态的对称性保证不了. 由此可见, 比较明智的做法是将二者结合在一起. 这样做不但能较好地控制分解, 而且还可以让 K 在一定整数区间内变化并从中挑出最佳筛选次数. 这正是第 7 步和第 8 步的价值所在. 这里涉及一个很重要的参量, 那就是最后剩余模态 R. 经过优化后的 R 我们通常称之为 "自适应全局均线 (adaptive global mean curve)", 简称 AGM 曲线.

事实上, 只有当数据的拟合曲线是最佳的, 去掉该曲线的剩余信号才可以被视为脉动量, 进而可分解出一系列波动信号并认识其时 – 频变化特征. 记原始信号为 $Y = \{y_i\}_{i=1}^{N}$, 则其全局平均 (数学期望) 为

$$\overline{Y} = \frac{1}{N}\sum_{i=1}^{N} y_i, \tag{4.1.1}$$

相应的方差为

$$\sigma_0^2 = \frac{1}{N}\sum_{i=1}^{N}(y_i - \overline{Y})^2. \tag{4.1.2}$$

这种常值形式的平均是最简单的全局均线形式. 其实作为全局均线应当能够反映数据的总体变化趋势, 这也是 "最小二乘法" 和 "滑动平均法" 力图要解决的问题. 最小二乘法需要有先验的函数形式, 而滑动平均法需要设定窗口宽度和权系数. 这里的 AGM 曲线 $R = \{r_i\}_{i=1}^{N}$ 是由数据自动优选出来的, 具有数据自适应特点. 优选借用了 "最小二乘" 策略, 此时的方差定义为

$$\sigma^2 = \frac{1}{N}\sum_{i=1}^{N}(y_i - r_i)^2. \tag{4.1.3}$$

在实际应用中, 我们通常选取 $\varepsilon = 0.001\sigma_0$ 并用方差比率 $\nu = \sigma/\sigma_0$ 来反映 AGM 曲线 R 相对于全局平均 $\overline{Y}$ 的优化程度.

在第 6 步中, 还需设定最后剩余极点个数. 出于边界插值的需要, 个数应不少于 4. 其他相关问题将在 4.3 节作详细阐述.

4.2 ESMD_I 的运行效果

ESMD_I 是真正意义上的极点对称分解. 这一策略要求利用所有极点对称中点进行插值, 并将插值线 (见图 4.2) 视为全局均线予以滤除, 进一步可通过重复筛选获取一系列模态. 对此我们曾尝试了一年多. 后来才发现这一想法早在 1998 年 Huang 等就曾尝试过, 但因其分解效果不佳而没有受到人们的重视. 如今看来, 这种分解仍有其可取之处, 特别是在引入了筛选优化手段以后. 下面通过两个例子来说明.

例 4.1 对 $Y(t) = e^{-0.1t}\sin(\pi t/2 + \pi/3)$, $0 \leqslant t \leqslant 20$, 进行分解试验.

这是一个频率不变而振幅变化的加权周期函数. 在数据分析中时常会遇到这样的函数, 因为对特定振型 (有固定的频率) 的子系统来说获取能量时其振幅会增大而失去能量时其振幅会减小. 所以从物理上来讲, 这样的函数就应当是一

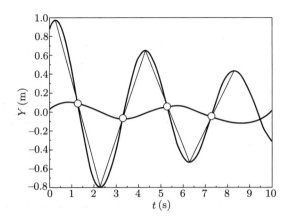

图 4.2 极点对称中点 (连接相邻极点的线段中点, 用白色小圈表示) 及其插值线

个具有独立代表性的模态. 一个好的分解策略应当能以较小的误差分离出这样的模态才是.

如果不引入方差比率我们根本不知道筛选多少次合适! 在这种情况下筛选具有盲目性. 那就随便试一下吧. 将筛选进行 20 次就停止, 由图 4.3 可见此时分解出了 4 个模态和一个余量. 这些模态都有一个共同特征: **振幅几乎保持不变**. 其实, 这是由严格极点对称的规则造成的. 通过简单的几何推导可以证明: **一条形如 $A\sin\theta(t)$ [$\theta(t)$ 是连续递增函数] 的等振幅曲线一定是极点对称的, 反之亦然**.

特别地, 其模态 1 不但是极点对称的而且还是周期的, 其近似解析函数为 $0.6\sin(\pi t/2 + \pi/3)$, 它包含了原信号主要的周期特征. 这次尝试说明, 20 次筛选

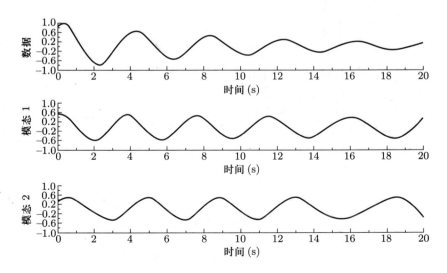

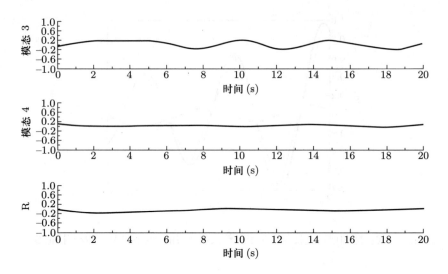

图 4.3　加权周期函数于 ESMD_I 下对应 20 次筛选的分解结果

对应着较为充分的极点对称, 但分解效率较低. 如此说来, 对应低对称度的低次筛选可能会好一些. 但是在已有的 EMD 框架下并没有一个有效的判断标准, 而在 ESMD 框架下方差比率的引入却可以使问题迎刃而解.

　　首先计算方差比率 $\nu = \sigma/\sigma_0$ 并画出它随最大筛选次数 K 的分布图 (见图 4.4), 从中挑出对应最小方差比率 $\nu = 99.8\%$ 的最佳筛选次数 3; 输出对应 3 次筛选的分解结果. 由图 4.5 可见此时的分解结果比 20 次的好. 由于模态 1 非常

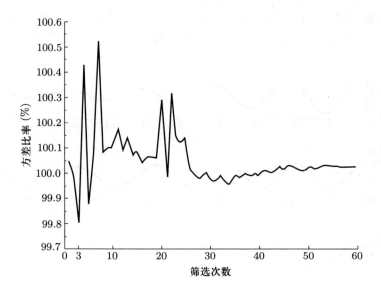

图 4.4　加权周期函数所对应的方差比率随最大筛选次数的变化

接近于原信号, 其余模态可被视为分解误差. 当然此分解并不算太理想, 毕竟误差的振幅达到了 0.3.

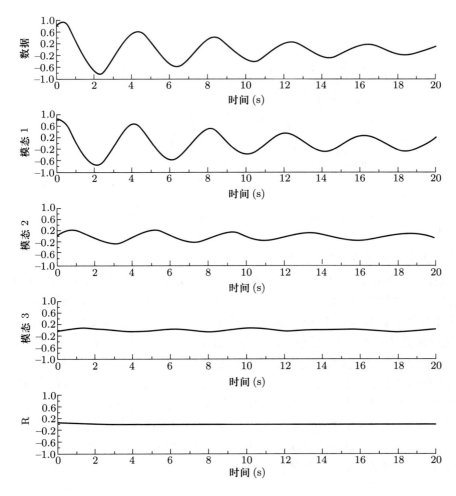

图 4.5   加权周期函数于 ESMD_I 下对应 3 次筛选的最佳分解

例 4.2   对以 20Hz 采样频率于海上固定平台观测到的风速数据进行分解试验.

由图 4.6 可见, 在整数区间 [1, 30] 中最佳筛选次数是 18. 此时共分解出 12 个模态和一个只有 40% 方差比率的 AGM 曲线 (见图 4.7). 这意味着, 在可能的 30 次筛选中, 该 AGM 曲线是风速数据的最佳拟合曲线. 此时仍存在振幅调整现象. 若继续增加筛选次数, 振幅调整现象会减弱且会有越来越多的等振幅模态出现. 不过, 过多模态并不利于解释客观物理现象. 所以, ESMD_I 只有在低次不充

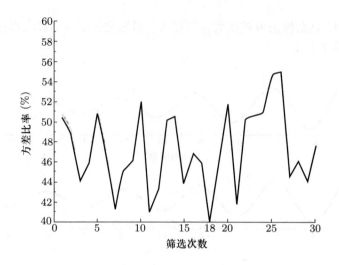

图 4.6 风速数据所对应的方差比率随最大筛选次数的变化

分筛选情况下的分解才是可以接受的.

总之, ESMD_I 的分解效率是比较低的. 其实除了严格极点对称的要求外, 还有另一方面原因. 由图 4.2 可见, 当所有的极点对称中点都用于做插值时所产生的曲线几乎拥有与原数据相当的极点个数. 而这样的插值线又必将进入模态 2. 所以从总体来看, 所生成模态的极点个数衰减慢也会导致分解效率降低. 尽管 ESMD_I 存在上述缺陷, 它所给出的 AGM 曲线还是非常好的. 对于只关心数据总体变化趋势的用户来说, 这是一个不错的选择. 相比而言, EMD 的分解效率是比较高的. 其原因有二: (1) 外部包络线对称比内部严格极点对称要求低; (2) 上、下两条包络线只用原数据一半左右的极点作插值, 相应均值曲线的极点也差不多少了一半. 这些特点使得 EMD 几乎以半频形式进行分解, 其效率高是自然的. 这启发我们引入二线插值策略.

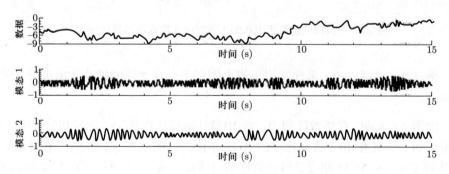

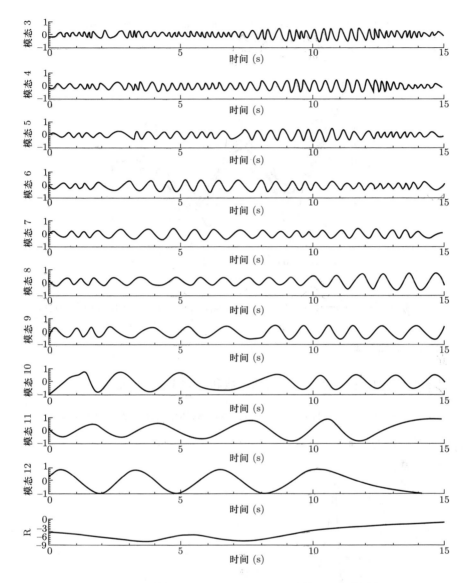

图 4.7　风速数据于 ESMD_I 下对应 18 次筛选的最佳分解

4.3　ESMD_II 的运行效果

　　ESMD_II 用两条插值线来分解, 其中一条由序号为奇数的极点对称中点通过三次样条插值生成, 另一条由序号为偶数的极点对称中点通过三次样条插值生成. 两条线的具体构造过程见图 4.8. 在这样的规则下, 例 4.1 的分解是平凡的, 因为加权周期函数本身就是一个容许模态. 下面我们用三个例子来检验 ESMD_II 的分解效果并从三个方面分析其分解特征.

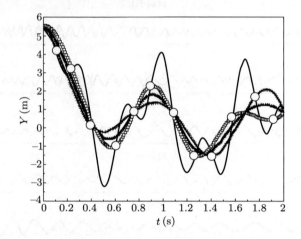

图 4.8　数据 (细线) 的极点对称中点 (白色小圈) 与其奇偶插值线以及两者的均线

4.3.1　分解试验

例 4.3　对由正弦函数、加权周期函数和抛物线合成的信号

$$Y(t) = -\sin(8\pi t) + 1.5e^{-0.2t}\sin(1.9\pi t + \pi/20) + (t-2)^2,\ 0 \leqslant t \leqslant 4$$

进行模态分解试验.

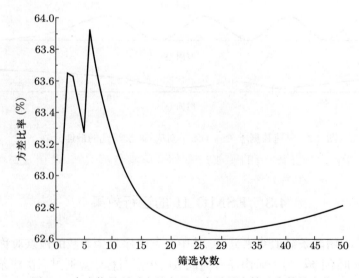

图 4.9　合成信号所对应的方差比率随最大筛选次数的变化

由图 4.9 可见最佳筛选次数为 29, 它对应着最小的方差比率 (表明最后的剩余模态 R 是数据的最佳自适应全局均线). 此时所对应的分解也是最佳的, 三条函数曲线得到了明确分离 (见图 4.10).

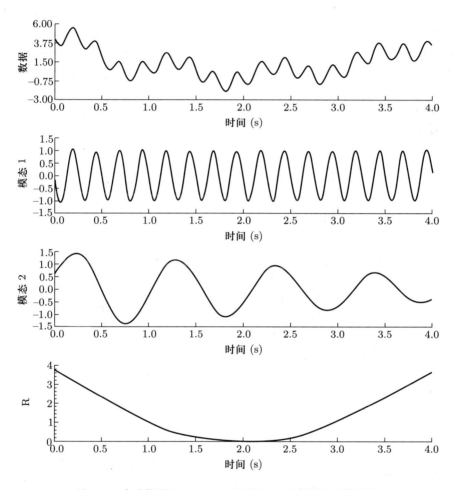

图 4.10   合成信号于 ESMD_II 下对应 29 次筛选的最佳分解

第二个例子就是前一节的例 4.2. 我们检验其分解效果. 由图 4.11 可见, 方差比率 $\nu = \sigma/\sigma_0$ 在最大筛选次数为 30 时取到最小值, 它可以被视为在整数区间 $[1, 100]$ 内的最佳筛选次数. 由图 4.12 可见 ESMD_II 给出的分解结果比 ESMD_I 的明确多了. 各个模态都有显著不同. 除了全局自适应均线 R 能很好地反映风速的变化趋势 (图 4.13) 之外, 模态 4, 模态 3, 模态 2 还分别对应了平均周期为 3.6s, 1.5s, 0.6s 的湍流脉动分量. 有必要就此例与 EMD 的分解效果作个比较. 为此我们采用来自台湾 "中央大学" 数据分析方法研究中心

(http://rcada.ncu.edu.tw/class2009.htm) 所提供的 Matlab 程序 eemd.m. 为了使比较更客观, 选用了无噪声模式, 也将默认的筛选次数 10 改成了同图 4.12 一样的 30 次. 所生成的 EMD 分解结果 (图 4.14) 与这里的 (图 4.12) 存在显著不同. 引起差别的原因有很多, 诸如筛选策略、边界处理和算法编程等. 当然, 要判定哪一组分解结果更客观是困难的. 不过从图 4.13 可以看出, EMD 分解给出的趋势函数是比较差的, 其余项 R 与模态 5、模态 6 和模态 7 的总和才差不多相当于这里的自适应全局均线. 一般来说, 全局均线是幅值最大的一个分量, 它的一个小偏差足以导致脉动量的大偏差. 因此, 所分离出的全局均线必须是适当的. 只有这样, 其余的脉动量才能被理解为一系列周期子信号的合成, 相应的时 – 频分析才有意义. 从这一方面来看, ESMD_II 更可取.

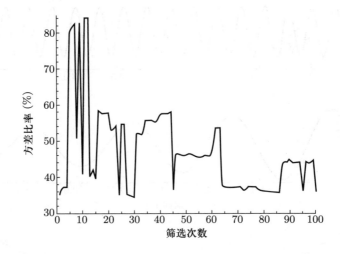

图 4.11　风速数据所对应的方差比率随最大筛选次数的变化

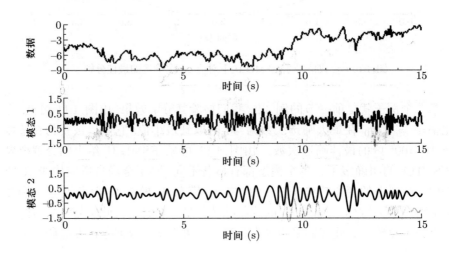

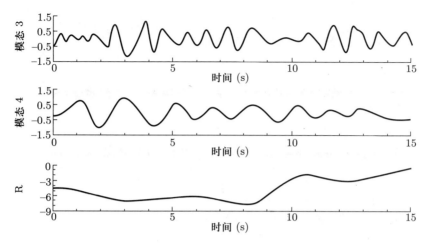

图 4.12 风速数据于 ESMD_II 下对应 30 次筛选的最佳分解

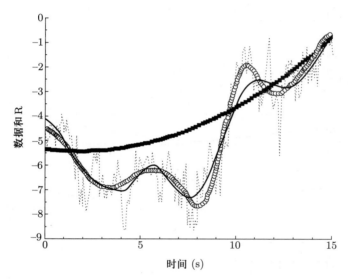

图 4.13 风速数据 (虚线) 于 ESMD_II 下生成的 AGM 曲线 (小圆圈) 与 EMD 生成的趋势函数 R (粗黑线) 以及 R 与模态 5、模态 6 和模态 7 之和 (细黑线) 的比较

例 4.4 对由美国气候数据中心所提供的 2008 年 5 月 10 日至 2011 年 11 月 3 日间的实测气温数据进行模态分解试验.

由图 4.15 可见, 此时方差比率存在多个稳定区间, 如 [20, 29], [36, 40], [43, 48] 和 [72, 76]. 在这些稳定区间上方差比率基本相同, 对应的分解结果也基本一样. 这种情况下最佳筛选次数是 29, 即使将可选整数区间延长为 [1, 200] 也是如此. 相应的分解见图 4.16. 其中, 剩余模态 R 为最佳自适应全局均线, 它对应着

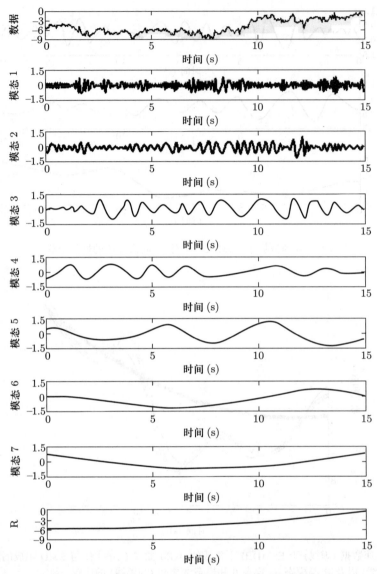

图 4.14　风速数据于 EMD 下对应 30 次筛选的分解结果

年际气温变化 (图 4.17 说明 R 能很好地拟合数据), 模态 5、模态 4、模态 3 分别对应平均周期为 66 天、35 天、17 天的气温波动. 详细分析方法可参阅 Huang et al. (2009b) 和 Bao et al. (2011) 的文章. 特别地, 我们可以通过各模态振幅的变化情况来判定温度异常发生的频段和时间. 此例中, 模态 5 振幅变化小而模态 4 振幅变化大, 这表明气温异常主要发生在周期为 35 天的时间尺度上, 而异常时间主要集中在 2009 年的 1 至 3 月份.

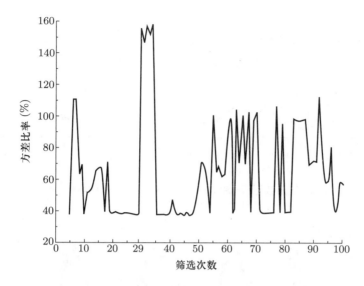

图 4.15 气温数据所对应的方差比率随最大筛选次数的变化

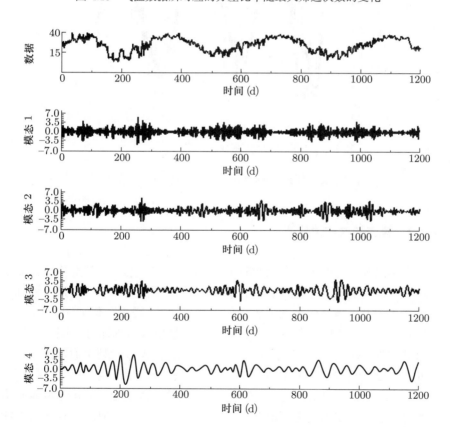

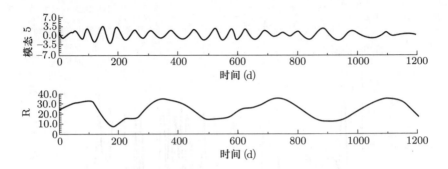

图 4.16　气温数据于 ESMD_II 下对应 29 次筛选的最佳分解

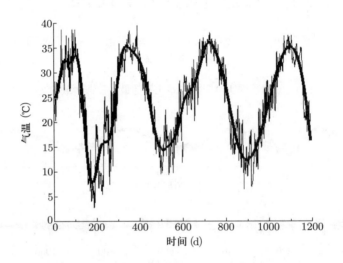

图 4.17　最佳自适应全局均线 R 对气温数据的拟合情况

4.3.2　模态的对称性特征

当分解出的模态近似为周期函数时 (例如图 4.10 的模态 1) 其对称性特征是很明显的. 在这种情况下, 奇、偶插值线及其均线都接近于零线. 这是一种真正意义上的极点对称. 当分解出的模态近似为加权周期函数时 (例如图 4.10 的模态 2), 这是一种奇 – 偶型极点对称, 只要求奇、偶插值线对称即可. 其实, 这样的对称更具普遍性. 对于一个实际振动过程的子振型, 其振幅和频率通常都是变化的 (例如图 4.12 的几个模态). 由图 4.18 可见, 这种奇偶型极点对称几乎相当于包络线对称. 两者其实也有区别. **由于内部奇、偶插值线比上、下外包络线的幅值小, 其均线收敛到零的速度可能会更快**. 所以一般而言 ESMD_II 比 EMD 能更快地达到相对稳定状态. 另外, 插值线幅值的大小对模态分解也会产生影响,特别是对低频模态. 当极点变得非常稀疏时做大幅值的外包络线插值其不确定性也大. 所以相比而言, 进行内部插值会更可靠一些.

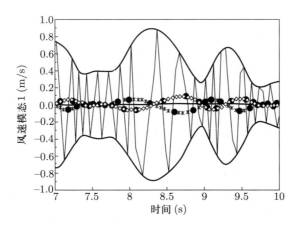

图 4.18 奇偶型极点对称 (用 $*$ 和 $\diamond$ 表示的两条插值线) 与外包络线对称 (两条粗黑线)

4.3.3 筛选次数对分解的影响

由第 3 章的分析结果可知, 增加筛选次数会在一定程度上增加模态的对称度. 所以对于 ESMD 分解算法第 4 步和第 5 步所提到的终止条件 $|L^*| \leqslant \varepsilon$, 只要容许误差 ε 取得恰当 (例如取 $\varepsilon = 0.001\sigma_0$), 是可以在有限次内达到的. 这一情况对应着相对稳定的方差比率 $\nu = \sigma/\sigma_0$ (如图 4.11 和图 4.15), 其最大筛选次数在一定整数区间内变化时, 几乎不改变模态分解结果. 出于对称性考虑, 我们更倾向于在这些相对稳定的区间 (意味着所有模态都达到了误差要求) 内选取最佳筛选次数, 尽管可能会在别处出现更低的方差比率. 其实, 非稳定点处的最低方差比率对应着不完善的分解, 这说明有一些模态并未达到对称性要求. 当然, 不是筛选次数越高其分解效果就越好. 一方面, 如图 4.9 所示, 过多筛选可能会增加额外误差; 另一方面, 如图 4.15 所示, 当出现多个稳定区间时多次筛选和低次筛选很可能具有相同的分解效果. 当然还有一种情况, 即做了上百次的筛选仍未出现稳定区间. 这很可能与设定的容许误差 ε 过小有关, 此时可适当增大其值. 另外还有一种现象: **稳定区间内的分解对筛选次数不敏感, 而非稳定区间内的分解很敏感且彼此差别较大, 特别在边界处.** 当方差比率超过 100% 时, 相应的分解结果很可能会比较差. 另外补充说明一点, 此处所列举的三个例子的最佳筛选次数都集中在 29 或 30, 纯属巧合. 我们在其他的数据分析中只需筛选数次或十几次就能获得最佳分解.

4.3.4　剩余极点个数对分解的影响

要终止分解, 需要设定剩余极点个数 (记为 m_R). 这决定了剩余模态 R 的可能弯曲次数, 其形状能否反映数据变化趋势全赖此设定. 为满足边界线性插值要求需使 $m_R \geqslant 4$, 其默认值为 4. 若默认情况下得到的 R 与数据有很大出入, 可以适当增加极点数量. 图 4.9 和图 4.10 选取的是默认值; 图 4.11 和图 4.12 选取 $m_R = 6$; 图 4.15 和图 4.16 选取 $m_R = 8$. 若在图 4.16 中将极点数增加到 20, 则 AGM 曲线就变成模态 5 与余项 R 的和了. 再增加极点的话会将模态 4 也包含进去. 这种情况降低了模态分辨率, 从而需要尽量避免. 分解中极点数要适当选取. 本例中只要避免模态 5 进入余项就行了. 这时 m_R 有较大的选择自由度, 选取 8 个、10 个和 15 个都没有太大区别. 另外, **若在方差比率图中有很大一部分都位于 100% 以上, 则可能是对全局均线的要求过高造成的, 此时可适当增加剩余极点个数.** 不过也有例外, 在医学核磁共振数据分析中曾遇到过这类情况, 单靠增加剩余极点个数并不奏效. 这主要是因为数据太过离散, 其强非平稳性使得自适应全局均线反而比不上整体平均.

4.4　ESMD_III 的运行效果

ESMD_III 采用三线分解策略, 这三条线分别由极点对称中点中编号为 $3m+1, 3m+2$ 和 $3(m+1)(m = 0, 1, \cdots)$ 的子列通过插值产生. 在这种情况下其均值曲线定义为 $L^* = (L_1 + L_2 + L_3)/3$, 相应的误差条件为 $|L^*| \leqslant \varepsilon$. 这是一种更广义的极点对称方式, 只需 $L_1 + L_2$ 和 L_3 对称即可. 特别地, 当分解出的模态是周期函数时它会退化成真正的极点对称; 当分解出的模态是加权周期函数时它会退化成奇 – 偶型极点对称. 所以对例 4.3 来说, ESMD_III 会给出同 ESMD_II 几乎一样的分解结果. 顺便说明一下, 此时只需要 5 次筛选即可. 相比于 29 次而言其效率提高了很多.

就例 4.4 而言, ESMD_III 同样可以给出很好的 AGM 曲线 (反映年际气温变化). 其 11 次筛选所对应的方差比率为 36.97%, 这比 ESMD_II 的 29 次筛选给出的 37.11% 还略小一些. 将其分解图 4.19 与前面的图 4.16 相比较, 发现其模态数目减少了. 究其原因, 一方面源于较低的对称性要求, 另一方面源于插值线的极点更稀疏.

总之, 除了同样能分离出很好的 AGM 曲线外, ESMD_III 与 ESMD_II 相比还存在如下三点不同:

(1) 分解效率较高;

(2) 模态对称度较低;

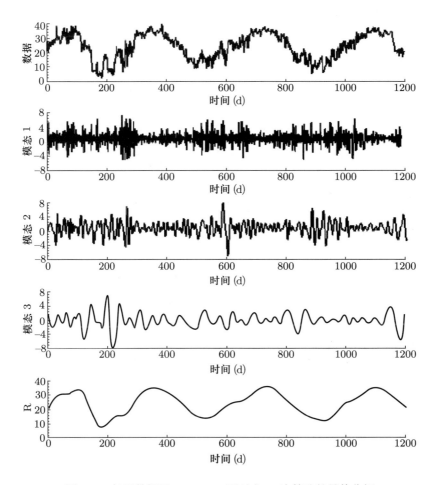

图 4.19 气温数据于 ESMD_III 下对应 11 次筛选的最佳分解

(3) 模态数目较少.

对于只关注数据的全局变化趋势的研究者来说, ESMD_III 是个不错的选择. "模态对称度较低" 换句话说就是 "模态振幅变化的自由度较大". 自然, 这样的特点会给时 – 频分析带来困难. 希尔伯特变换对于这种情况是难以有效使用的. 在希尔伯特 – 黄变换方法的框架下, 之所以要求分解出的模态具有包络线对称性, 主要是便于借助希尔伯特变换进行时 – 频分析. 如此看来, 不使用变换而采用 "直接插值法" 的话, 完全不必受此限制. 其实频率变化决定于极点的疏密程度. 振幅既然可以缓慢变化 (表现为外包络线的变化), 自然也可以较快变化. 毕竟模态的外包络线对称或奇 – 偶型极点对称都不是真正的局部对称. 在科学探索中 ESMD_III 是值得尝试的.

第 5 章　ESMD 方法第二部分: 时 – 频分析

　　传统的傅里叶变换、小波变换和希尔伯特变换都需要对数据做积分运算, 把原本离散的信号转换成解析函数来处理. 这样的处理方式不可避免地要受到各种数学理论限制. 例如, 被认为最能体现时 – 频局部变化特征的希尔伯特变换就摆脱不了 Bedrosian 定理和 Nuttall 定理的束缚. 既然面对的是离散数据, 在分析过程中就应当尊重其离散性特征. 我们所提出的 "直接插值法" (direct interpolating method) 就是这样的一种革新性尝试. 它能轻松化解周期计算与频率计算之间的矛盾 (周期得相对于一段时间来定义而频率又要求处处存在). 另外, 在第 2 章中已经阐明了一个基本认识: **瞬时频率就是瞬时旋转角速度**. 据此我们又发展了 "旋转生成法" (rotary generation method). 通过它可以获知波内细微的频率变化. 其实通常的数据分析只需要了解频率在时域上的大致变化就够了, 并不苛求细节 (客观上其可信度也较低). 粗略地讲, **频率变化可由极点的疏密度来反映**. 此处将用到 "局部周期" 的概念, 指的是对称模态相邻两个极大值点、两个极小值点或两个零点之间的时段. 直接插值法以局部周期上的平均频率为插值点生成平滑曲线, 其默认的基本假设是: **相邻局部周期之间的频率调整是平缓的**. 这一假设符合数据分析的基本认识. 相对而言, 直接插值法比旋转生成法更实用.

5.1　关于瞬时频率的直接插值法

　　直接插值法的基本思路 (见图 5.1):

(1) 寻找极值点, 计算两个相邻极大值点和相邻极小值点之间的时间差;

(2) 将这些时间段视为局部周期赋给其中点, 画出时间 – 周期对应点图;

(3) 将这些局部周期值取倒数得到局部频率, 再做三次样条插值得到光滑的时间 – 频率变化曲线 (若模态中有等值段, 直接将其频率定义为零).

具体实施过程将涉及边界处理、等值段处理和非负频率插值处理等问题. 在左右边界处一般借用紧邻的两个局部频率值点由线性插值方法添加边界点; 模态的等值段表示振动暂时性停止, 无变化, 其局部频率应当定义为零, 在其附近也应视时间历程久暂 (如 1/2 或 1/4 个局部周期) 来定义频率值; 尽管获取的局部频率值都是非负的, 但经由插值生成的曲线却保证不了其非负性, 一般可用截断形式改善这一点.

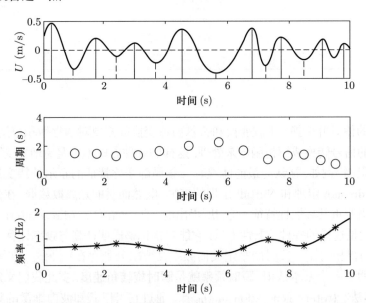

图 5.1　直接插值法的实施过程. 第一子图是由风速数据经 ESMD_II 分解得到的极点对称模态片段; 第二子图是局部周期随时间变化点图; 第三子图是局部频率及其插值曲线.

记模态的离散形式为 (t_k, y_k), $k = 1, 2, \cdots, N$, 则瞬时频率的程序算法如下:

第一步: 寻找满足下述条件的准极值点:

$$y_{k-1} < y_k \geqslant y_{k+1}, \quad y_{k-1} \leqslant y_k > y_{k+1},$$

$$y_{k-1} > y_k \leqslant y_{k+1}, \quad y_{k-1} \geqslant y_k < y_{k+1}.$$

并将这些点 (t_{e_i}, y_{e_i}) 存入集合 E, 其中 e_i $(1 \leqslant i \leqslant m)$ 为选出点的序号.

第二步: 利用集合 E 定义频率插值点 (a_i, f_i), 程序流程如下:

1: for 1 至 m 中有意义的 i (对于不同情况其限定语句也不同)   do
2:    if $y_{e_i} == y_{e_{i+1}}$ (如图 5.2 中的 d, e 或 h, i 这样的点) then
3:       if $i == 1$ (若为左端点) then
4:          $a_{i+1} = t_{e_{i+1}}, f_{i+1} = 0$
5:       else if $i == m-1$ (若为右端点) then
6:          $a_i = t_{e_i}, f_i = 0$
7:       else //若为内点
8:          $a_i = t_{e_i}, f_i = 0; a_{i+1} = t_{e_{i+1}}, f_{i+1} = 0$
9:       end if
10:
11:       if (t_{e_i}, y_{e_i}) & $(t_{e_{i+1}}, y_{e_{i+1}})$ 都是极值点 (如图 5.2 中的 d, e 点) then
12:          $a_{i-1} = (t_{e_i} + t_{e_{i-2}})/2, f_{i-1} = 1/(t_{e_i} - t_{e_{i-2}})$
13:       else //不是极值点 (如图 5.2 中的 h, i 点)
14:          $a_{i-1} = t_{e_{i-1}}, f_{i-1} = 1/[(t_{e_{i+2}} - t_{e_{i-2}}) - (t_{e_{i+1}} - t_{e_i})]$;
15:          $a_{i+2} = t_{e_{i+2}}, f_{i+2} = 1/[(t_{e_{i+3}} - t_{e_{i-1}}) - (t_{e_{i+1}} - t_{e_i})]$
16:       end if
17:    else //是真正的极值点 (如图 5.2 中的 a, b, c 这样的点)
18:       $a_i = (t_{e_{i+1}} + t_{e_{i-1}})/2, f_i = 1/(t_{e_{i+1}} - t_{e_{i-1}})$
19:    end if
20: end for

第三步: 用线性插值方法添加边界点: (1) 对于左边界, 若 $y_1 = y_{e_1}$ 则定义 $a_1 = t_1, f_1 = 0$; 否则采用线性插值来定义

$$a_1 = t_1, \quad f_1 = (f_3 - f_2)(t_1 - a_2)/(a_3 - a_2) + f_2.$$

如果这样得到的 $f_1 \leqslant 0$ 则以 $a_1 = t_1, f_1 = 1/2(t_2 - t_1)$ 来代替. (2) 对于右边界, 若 $y_N = y_{e_m}$ 则定义 $a_m = t_N, f_m = 0$; 否则采用线性插值来定义

$$a_m = t_N, \quad f_m = (f_{m-1} - f_{m-2})(t_N - a_{m-1})/(a_{m-1} - a_{m-2}) + f_{m-1}.$$

如果这样得到的 $f_m \leqslant 0$ 则以 $a_m = t_N, f_m = 1/2(t_m - t_{m-1})$ 来代替.

第四步: 利用所获得的 m 个时间 – 频率点做三次样条插值得到插值曲线 $f(t)$. 为了保证有意义, 可将瞬时频率曲线定义为

$$f^*(t) = \max\{0, f(t)\}.$$

另外, 由于瞬时振幅的计算方法很简单此处省略其算法. 对于内部奇 – 偶极点对称或外部包络线对称的模态其上包络线就是振幅变化曲线. 对于其他形式的对称需要先对模态取绝对值, 再由极大值点通过插值生成上包络线.

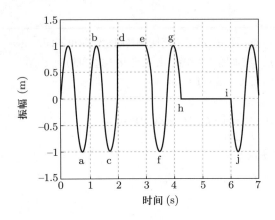

图 5.2　间歇性周期振动模态示例

5.2　直接插值法的运行效果

　　下面以风速数据在 ESMD_II 下分解产生的 4 个固有模态 (图 4.12) 为例来检验其运行效果. 对它们施行上述程序算法得到瞬时频率与瞬时振幅的对应关系图 (图 5.3). 这样的分布图能够明确表达出模态的振荡强度与变化快慢程度, 是传统时 – 频分析方法难以企及的. 譬如模态 3, 从 F3 和 A3 的对照关系来看, 在 $t=10\mathrm{s}$ 时发生了突然的高频、小振幅振荡. 这对突变性诊断问题具有非凡的指导意义. 从模态 1 的 F1 频率分布图还能看出另一个潜在的现象: 存在一些恒等于 Nyquist 频率 $f_N = f/2$ 的时段 (这里 $f=20\mathrm{Hz}$ 为风速仪的采样频率). 这是其他手段得不到的结果. 随着筛选次数增加, 这样的时段会越来越多. 就第 3 章的试验而言, 当筛选进行到大约几十万次时, 模态会达到极限状态: 模态 1 所有时段上都等于 Nyquist 频率, 即极大值点紧跟着极小值点而不再有其他的点. 这一结果让我们对筛选过程有了更深入的了解. 这其实也是模态分解不宜采用高次筛选的深层原因. 图 5.4 给出了全体模态的频率分布图. 这里的每一条连续曲线都能反映一个模态的频率变化, 使得信号的时 – 频变化一目了然. 它比散点图形式的希尔伯特谱更直观也更合理, 因为频率和能量都是变化的, 刻意将能量视为恒量并将其映射到一系列固定频率点上是牵强的. 关于能量的问题 5.4 节将会有详细阐述.

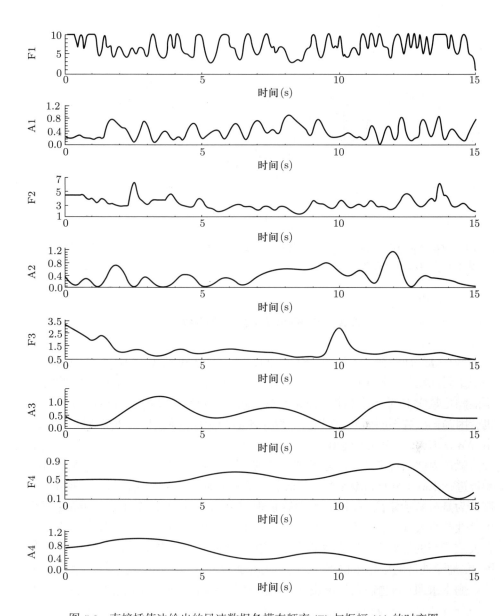

图 5.3　直接插值法给出的风速数据各模态频率 (F) 与振幅 (A) 的时变图

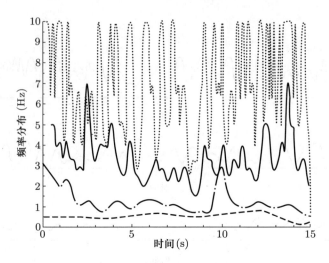

图 5.4　直接插值法给出的风速数据全体模态的频率分布图 (每条线代表一个模态的频率变化, 从上到下模态编号逐渐增大)

5.3　对模态混叠问题的探讨

"模态混叠问题" (或称 "频率交叉问题") 被认为是困扰 EMD 方法使用者的一个重要问题 (王金良和李宗军, 2014). 通常的理解是所分解出的模态彼此之间不能满足数学上的 "正交性", 相邻模态之间存在频率交叉现象. 再者, 分解结果也会因筛选次数不同而异. 所以分解结果不具稳定性, 导致其模态有效性受质疑. 由 Wu & Huang (2009) 提出的 EEMD(ensemble empirical mode decomposition) 方法就是为试图解决这一问题发展起来的. 其基本想法是: 将原信号多次添加白噪声进行 EMD 分解再取平均. 模态由于是多次加噪平均的结果, 对扰动不敏感, 被认为是分解稳定的, 并以此来理解物理现象. 就我们的认识而言, 加噪处理的可靠性是令人怀疑的, 毕竟白噪声是一种理想化的数字信号, 它在各个频段上都有大致相当的能量分布, 其污染效应会进入所有模态而不仅仅局限于高频部分. 因此, 加噪处理的副作用也很大, 上百次的加噪处理很可能会使信号面目全非.

溯本求源, 问题还在于解决所谓的 "模态混叠问题". 下面我们用 ESMD 方法的分解结果来理解这一点. 就直接插值法给出的频率分布图 (图 5.4) 而言, 存在这样一种现象: **虽然从总体来看相邻模态之间会有同频率出现, 但却不发生在同一时刻, 换句话说, 相同时刻下的频率一般不重叠**. 因而, 只要筛选次数适当, 模态混叠问题在时变意义下将不足为虑, 而所分解出的模态也会因振幅和频率的不同而异. 另外, 由于最佳筛选次数是通过优化自适应全局均线在稳定区间内获取的, 而自适应全局均线又是数据的最佳拟合曲线, 将其余信号视为多个子振动信号的叠加和顺理成章. 由此而论, 所得有限个模态各自都具有独立的代表性, 能够构成随机空间的一组自适应基, 并能对随机观测序列进行有效表达. 当然, 这样的基区别于先验的小波基, 是数据自动生成的, 具有很大的自由度. 另外, 由于每个自适应的基函数都是频率可变、振幅也可变的 "广义周期函数", 其表现力很强, 一个这样的函数就相当于傅里叶变换下的多个正弦函数. 它们的有限叠加足可以替代正弦函数的无穷叠加.

其实, 数学上的 "正交性" 是用于刻画 n 维向量 $\vec{\alpha}_1, \vec{\alpha}_2, \cdots, \vec{\alpha}_n$ 之间 "线性无关性" 的一个充分条件. 只要内积满足

$$\vec{\alpha}_i \cdot \vec{\alpha}_j = 0 \quad (1 \leqslant i, j \leqslant n, i \neq j), \tag{5.3.1}$$

它们之间就彼此线性无关并构成 n 维线性空间的一组基, 能够对该空间中的任意向量进行分解. 所以能否完全分解取决于基向量的独立代表性, 而正交性只是一个成立条件. 对于连续函数而言, 线性无关性和正交性之间却不存在必然联系. 与闭区间 $[0, T]$ 上连续函数 $f_1(t)$ 线性相关的函数只有 $kf_1(t)$ (k 是任意不为零的常数), 除此之外的函数都与 $f_1(t)$ 线性无关. 在这种情况下单纯的 "线性无关性" 还不足以刻画彼此的独立性. 其实 "正交性" 也不完全适用. 设另有函数 $f_2(t)$, 由于连续函数是无穷维的, 不宜再用 (5.3.1) 式的内积形式来定义它与 $f_1(t)$ 的正交性. 此时需定义为积分形式:

$$\int_0^T f_2(t) f_1(t) dt = 0. \tag{5.3.2}$$

正弦函数列 $\left\{ \sin\left(\dfrac{k\pi}{T} t\right) \right\}_{k=1}^{\infty}$ 与余弦函数列 $\left\{ \cos\left(\dfrac{k\pi}{T} t\right) \right\}_{k=1}^{\infty}$ 就具有这种积分意义下的正交性, 它们共同构成了傅里叶空间中的一组基. 对于这种在时域上频率恒定、振幅也恒定的函数列来说, 正交性对于刻画彼此的独立代表性是充分的. 但是就 ESMD 方法和 EMD 方法生成的模态函数而言, 其频率和振幅都随时间变化, 单纯借助线性无关性和正交性都不足以说明彼此的独立代表性. 简单地套用 (5.3.2) 式也不可取. 有些学者将该积分值当成误差, 用相对正交性来刻画独立性, 这也不客观. 其实模态的独立性主要表现为频率的瞬时差异. 误差小并不意味着 "频率交叉" 的程度小, 平均频率相近的两个模态完全可以因瞬时频率的不同而异. 结合前述分析, 对于此问题我们建议采用频率分布图 (如图 5.4) 进行直观判断. 若各模态在相同时刻下的频率不重叠就是适当的, 否则需改变筛选次数重新进行分解.

5.4　对能量变化问题的探讨

　　由于每个脉动模态的频率和振幅 (意味着 "能量") 都是随时间变化的, 像傅里叶频谱和希尔伯特时间 – 频率谱那样, 将总能量视为定值并将其投射到一系列固定频率点上的做法是不合理的, 原因是脉动模态的总能量并非守恒. 有鉴如此, 我们放弃使用以能量不变为前提的传统谱分析手段, 并把能量变化特征作为研究对象. 依照 2.3 节的阐述, 第 j 个本征模态函数对应着解析表达式:

$$x_j(t) = A_j(t) \cos \theta_j(t) \quad (1 \leqslant j \leqslant n). \tag{5.4.1}$$

以 ESMD_II 作为默认分解形式, 则在奇 – 偶型极点对称之下其振幅函数 $A_j(t)$ 具有缓变特征. 有鉴于此我们可将 "总能量" 定义为波能形式:

$$E(t) = \frac{1}{2} \sum_{j=1}^{n} A_j^2(t). \tag{5.4.2}$$

当然, 这里的 "总能量" 一词是广义的. 譬如温度数据, 其总能量可被理解为温度脉动的总体振荡强度.

　　以风速数据为例, 图 5.5 显示了由公式 (5.4.2) 给出的能量变化. 从图中可以看出, 在 15 s 的时段内脉动模态 (对应湍流运动) 的总能量存在三个大的峰值. 对比图 5.6 我们发现, 这三个峰值正好对应着自适应全局均线的凹陷处. 这是一个有趣的现象. 其原因很可能是脉动量和平均量之间存在能量交换. 究竟是否如此还有待进一步探究.

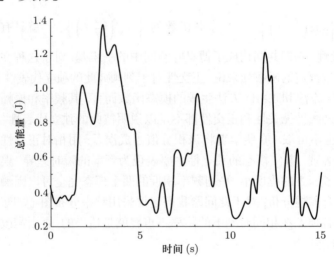

图 5.5　风速数据脉动模态总能量的时变性

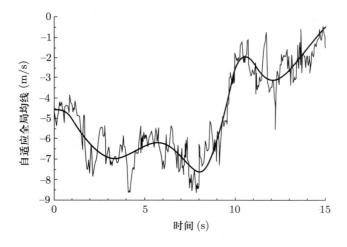

图 5.6 风速数据自适应全局均线的时变性

5.5 关于瞬时频率的旋转生成法

既然瞬时频率就是瞬时旋转角速度, 我们可以直接利用离散数据来计算瞬时频率. 不妨称其为 "旋转生成法". 其基本思路是由函数值 $Y(t)$ 与瞬时振幅 $A(t)$ 之比的反正弦获得旋转角 $\theta(t)$ 进而通过差商来求瞬时频率 $\omega(t)$. 其参考的数学解析表达式为

$$\sin\theta(t) = \frac{Y(t)}{A(t)}, \quad \omega(t) = \frac{d\theta}{dt}. \tag{5.5.1}$$

相应的算法步骤如下:

第一步: 对由 ESMD 方法或 EMD 方法分解出的奇 – 偶型极点对称或包络线对称的模态取上包络线, 此即振幅函数 $A(t)$ [**注**: 严格来讲得取模态绝对值的上包络线, 但这样做极点会增加一倍, 相应振幅函数的变化太快不利于求瞬时频率];

第二步: 设 n 个数据点中共有 p 个极值点, 其编号分别为 $m_1, m_2, \cdots, m_p$. 如图 5.7 所示, 用模态第 1 个点对应的函数值 $y_1 = \overline{\mathrm{PQ}}$ 和瞬时振幅 $A_1 = \overline{\mathrm{PR}}$ 的比值取反正弦生成相位角:

$$\theta_1 = \angle\mathrm{AOB} = \arcsin\left(\frac{\overline{\mathrm{PQ}}}{\overline{\mathrm{PR}}}\right) = \arcsin\left(\frac{y_1}{A_1}\right), \tag{5.5.2}$$

依次计算 $2 \leqslant i \leqslant m_1$ 的点的相位角 (相对于点 O 的旋转用小圈表示);

第三步: 对 $m_1 < i \leqslant m_2$ 的点, 定义相位角:

$$\theta_i = \pi - \arcsin\left(\frac{y_i}{A_i}\right); \tag{5.5.3}$$

第四步: 对 $m_2 < i \leqslant m_3$ 的点, 定义相位角:

$$\theta_i = 2\pi + \arcsin\left(\frac{y_i}{A_i}\right);\tag{5.5.4}$$

第五步: 对其他点重复第三和第四步, 每增加两个极点, 相位增加 2π;

第六步: 由所得相位角 $\theta_1, \theta_2, \cdots, \theta_n$ 相对于 2 倍时间步长 Δt 取中心差商计算以赫兹 (Hz) 为单位的瞬时频率:

$$f_i = \frac{\theta_{i+1} - \theta_{i-1}}{4\pi\Delta t} \quad (2 \leqslant i \leqslant n-1)\tag{5.5.5}$$

并通过线性插值方法补充左、右边界值:

$$f_1 = 2f_2 - f_3, \quad f_n = 2f_{n-1} - f_{n-2}.\tag{5.5.6}$$

另外, 由于振幅函数是由极大值点通过三次样条插值产生的, 有可能在某些点 t^* 处发生 "过插现象", 即 $|Y(t^*)| > A(t^*)$, 此时可用 $|Y(t^*)| = A(t^*)$ 来代替.

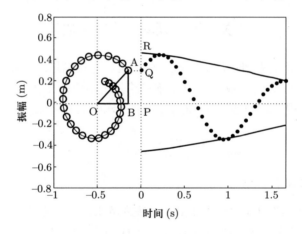

图 5.7　旋转生成法对应关系示意图

下面由两个例子来说明其运行效果.

例 5.1　对周期函数 $Y(t) = \sin(\pi t + \varphi)$ 进行理想试验, 时间步长取为 $1/20$ s. 由图 5.8 可见, 当初相位 $\varphi = \pi/4$ 时, 由旋转生成法得到的相位角呈线性增长状态, 相应的频率值恒等于 0.5 Hz. 但是, 当 $\varphi = \pi/6$ 时得到的频率值于函数的极值点 (波峰与波谷) 处存在一定偏差 (图 5.9). 从图 5.10 可以看出, 在极值点处旋转角对采样点的位置很敏感, 函数值的小差异会导致旋转角的大偏差. 这是旋转生成法有待解决的一个问题. 对于本例, 插值手段和滑动平均手段都能奏效. 其实对极点处的旋转角作线性插值处理或将频率的定义时段延长至 $4\Delta t$ 并取 $f_i = (\theta_{i+2} - \theta_{i-2})/8\pi\Delta t$ 都能改善这一点.

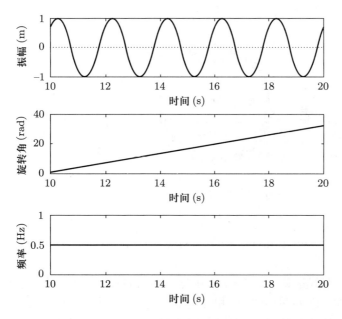

图 5.8 旋转生成法对初相位为 $\pi/4$ 的周期函数的运行结果. 第一子图为数据; 第二子图为计算所得相位角; 第三子图为生成的瞬时频率

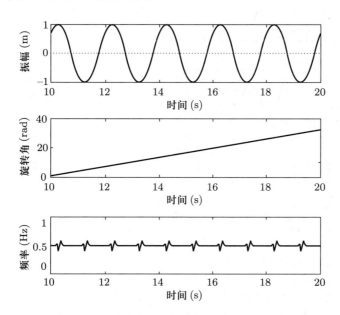

图 5.9 旋转生成法对初相位为 $\pi/6$ 的周期函数的运行结果. 第一子图为数据; 第二子图为计算所得相位角; 第三子图为生成的瞬时频率

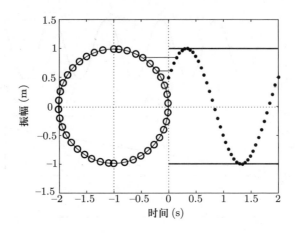

图 5.10　初相位为 $\pi/6$ 时数据点与单位圆周上的旋转对应图

　　例 5.2　对风速数据经 ESMD_II 分解得到的极点对称模态片段进行频率生成试验. 由图 5.11 可见, 此时的相位角不再是线性增长的, 相应的瞬时频率也有了更多变化. 其结果与直接插值法得到的基本吻合, 只是扰动变化多了一些. 尽管此处采取了一定的线性平滑处理, 极值点处的不稳定现象依然存在. 一方面, 在极值点处函数值变化小致使旋转角对采样点敏感; 另一方面, 由公式 (5.5.3) 和 (5.5.4) 知在函数值只有很小变化时若振幅不恒定也会加剧不稳定性.

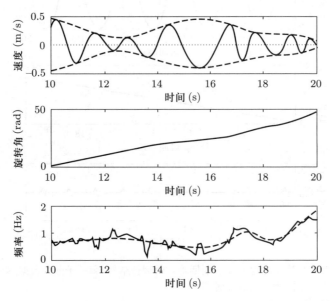

图 5.11　旋转生成法对风速数据分解模态的运行结果. 第一子图为模态片断; 第二子图为计算所得相位角; 第三子图为生成的瞬时频率, 其中虚线表示直接插值法给出的结果

总之, 旋转生成法基于 "瞬时频率就是随时间变化的旋转角速度" 的基本认识, 由其得到的频率应当是真正意义上的瞬时频率. 其他手段给出的都应当是具有一定近似度的估计结果, 其研究价值不言而喻. 目前该方法尚不完善, 在计算过程中于波峰、波谷处常常会出现不稳定扰动, 尤其是对变振幅情况 (也与离散采样和计算精度等因素有关). 要想消除这些不稳定扰动, 尚需借助其他平滑手段. 一般地, 可将极点处的旋转角进行平滑处理或将频率的定义时段延长. 此外, 对模态振幅进行归一化处理也是一个不错的选择.

5.6 旋转生成法的启示

从旋转生成法的算法来看, 旋转角决定于函数值和振幅值:

$$\theta_i = k\pi \pm \arcsin\left(\frac{y_i}{A_i}\right), \quad k = 0, 1, 2, \cdots$$

而瞬时频率又由旋转角相对于时间的差商生成:

$$f_i = \frac{\theta_{i+1} - \theta_{i-1}}{4\pi\,\Delta t} \quad (2 \leqslant i \leqslant n - 1).$$

由此可见, **振幅调整对局部周期内的瞬时频率存在影响**. 旋转生成法默认了局部周期的设定, 考察的是该时段内频率的细微变化, 频率值在局部上依赖于振幅是合理的. 其实这一点也可从质点的往复振动现象来理解. 振幅是偏离相对平衡点的最大距离, 其变化势必会影响运动时间进而影响频率.

虽然从频率计算角度来看振幅调整会加剧极点处的不稳定性, **但是振幅调整并不影响局部周期上的平均频率**. 其原因是, 一个局部周期被视为一个旋转周期, 其上的平均旋转角速度不会变化. 如图 2.2 中所示的加权周期函数 $Y(t) = e^{-0.1t}\sin(\pi t/2 + \pi/3)$, 发生 "振幅变化引起频率调制" 现象不足为怪. 不过此时局部周期并未发生变化, 其平均频率仍然固定在 $\pi/2$. 由此可见, 振幅对频率的影响只限于局部周期内部, 这与 "**频率变化可由极点的疏密度来反映**" 的普遍认识是相吻合的. 既然如此, 在考察时域上频率的变化时, 也可以不必计较振幅的细微影响, 而将固有模态函数进行调幅和调频处理, 使一部分成为振幅函数 $A(t)$, 另一部分成为等振幅周期函数 $\cos\theta(t)$. 由于在处理过程中信号极点的疏密度并未发生变化, 可以再对后一部分取反余弦得相位角 $\theta(t)$, 进而由 $d\theta/dt$ 得到近似的瞬时频率. 当然, 在进行反余弦运算和相位差商运算过程中, 同样会遇到不稳定现象, 为此还得辅以别的平滑手段.

其实, 直接插值法可被视为旋转生成法的一个特例, 此时频率的定义区间被扩大到了整个局部周期. 例如在第 j 个局部周期上, 总时段为 $T_j = n_j\Delta t \, (n_j \in \mathbb{N})$,

其两端点 (对应两个极大值点或两个极小值点) 的旋转角之差为 2π, 此时平均频率变成

$$f_j = \frac{2\pi}{2\pi T_j} = \frac{1}{T_j}.$$

可以将此值赋予其中点, 再用得到的这些点以三次样条插值的方式生成缓变曲线. 相对而言, 直接插值法能给出更好的平滑结果而且操作简单, 更便于实际应用.

第 6 章　ESMD 分解的拓展形式

插值方式不是根本性的, 除了内部极点对称形式之外我们所发展的整套 ESMD 方法也适用于 EMD 方法所采用的外部包络线对称形式. 另外, 从筛选终止判据来看, 我们采用的是合成策略: 先取定一个小的容许误差条件用以保证模态的对称性, 再用优化筛选次数的手段来优化整体分解. 其实优化筛选次数的处理方式也可单独用来作为分解规则. 本章简要介绍这两种分解形式.

6.1　包络线对称形式下的分解

尽管 ESMD 方法是以极点对称分解为基础的数据分析方法, 它所发展的包含模态分解与时 – 频分析的整套处理手段也适用于外包络线对称形式. 不妨将包络线对称规则下的分解称为 ESMD_E. 在第 4 章中已分析过, 外包络线对称与奇 – 偶型极点对称大致相当. 下面以风速数据的分解为例来比较其异同. 由图 6.1 和图 4.11 可见, 它们的方差比率随筛选次数的变化情况存在很大差异. 有鉴于 ESMD_II 下的最佳筛选次数为 30, 为便于比较, 此处舍弃 [1,100] 区间内的最优次数 62 而选用次优次数 39. 此时 ESMD_E 所得最佳拟合曲线和 ESMD_II 的一样优越, 都对应最低方差比率 $\nu = 33.8\%$. 比较图 6.2 和图 4.12 可见, 分解出的前两个高频模态非常相似, 而后两个低频模态却有不小差异. 这说明外部的整体包络线对称插值和内部的局部极点对称插值在极点稠密时是相似的, 当极点变得稀疏时, 其差异会变大. 原因在于: 外插值线比内插值线的幅值大, 当极点变得稀疏时, 其插值不确定性也比较大. 从这个意义上来讲, 极点对称形式的分解更客观一些.

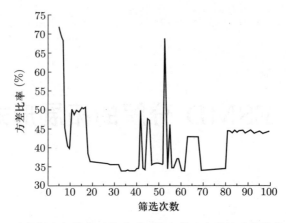

图 6.1　风速数据在包络线对称形式下的方差比率随筛选次数的变化情况

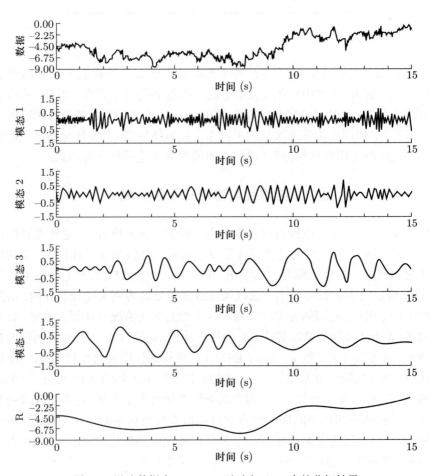

图 6.2　风速数据在 ESMD_E 下对应于 39 次的分解结果

6.2　优化筛选次数规则下的分解

　　模态的对称度可以不用误差条件控制而用优化筛选次数的规则来代替. 以 A_{max} 来表示准模态均值曲线 L^* 的最大振幅 (绝对值的最大值), 其基本思路是通过设定一个较大的整数 K_{max} 并于区间 $[1, K_{max}]$ 内挑出对应最小 A_{max} 的筛选次数进行分解. 这样挑出的筛选次数对应着最佳对称度, 而不是仅仅满足容许误差. 所以只要对信号执行一次优选过程, 就能分离出一个拥有最佳对称度的模态. 要获得全部模态, 只要重复这一过程即可. 为了编程方便, 我们采用包络线对称形式, 此时的 L^* 只要将上、下包络线取平均即可. 不妨将这种策略下的分解称为 ESMD_O. 对应 $K_{max} = 100$ 和 200 的分解见图 6.3 和图 6.4. 从两图来看, 尽管区间 $[1, 200]$ 比 $[1, 100]$ 拥有更多选择机会从而相应模态的对称度也更

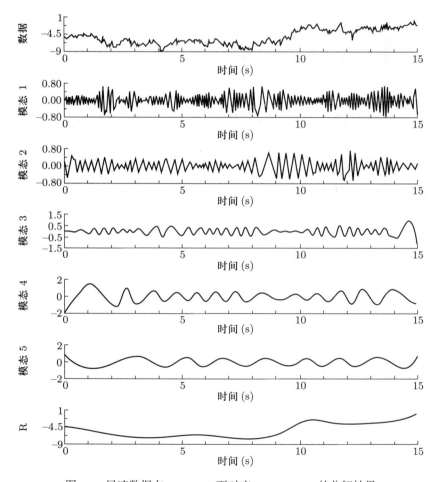

图 6.3　风速数据在 ESMD_O 下对应 $K_{max} = 100$ 的分解结果

好, 但是其剩余曲线却比不上前者. 也就是说, ESMD_O 能够优化模态但优化不了自适应全局均线. 自然, 这一缺陷可以如 ESMD_II 一样借助方差比率来弥补. 不过此时需要对 $K_{\max}$ 做进一步优化处理, 计算耗时将大大增加.

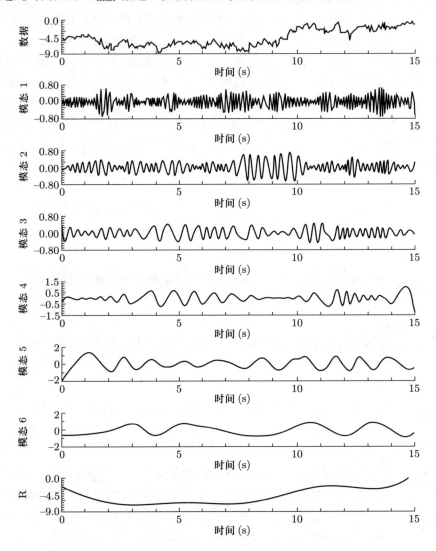

图 6.4　风速数据在 ESMD_O 下对应 $K_{\max} = 200$ 的分解结果

第 7 章　ESMD 方法的应用

　　ESMD 方法自 2013 年 3 月提出以来, 受到了来自不同领域的科研工作者的广泛关注. 据我们所知, 该方法目前已被华中科技大学生命学院用于医学核磁共振成像处理; 被中国科学院海洋研究所用于厄尔尼诺与环流年代际变化的相关性分析; 被青岛理工大学理学院用于岩石破坏过程研究和海 – 气通量研究. 其中最后一项研究来自我们课题组, 将在第 9 章作为应用实例来讲. 第 4 章已有风速数据和温度数据的分析实例, 此处将不再赘述其他算例. 来信咨询者所涉领域主要有: 大气与海洋科学、气候生态学、生命科学、信息科学、数学、地震学、机械工程、石油探测等. 本章将对 ESMD 方法的适用性、应用中的相关问题和软件的操作进行阐述.

7.1　科学探索的适用性

　　ESMD 方法的适用范围是非常广的, 所有涉及数据分析的科研和工程应用都可尝试. 其实凡是能用希尔伯特 – 黄变换方法进行探索的问题都适用这一新方法.

　　ESMD 方法与目前盛行的小波变换方法存在很大不同, 各有侧重. 小波变换在信号的编码、储存和压缩等数据处理问题中具有明显优势, 而 ESMD 方法在科学探索性数据分析方面表现不俗. 小波变换的优势在于存在多种可选小波基函数, 能作完备的空间分解. 其缺陷也在于此. 虽然可以用多种小波基进行数学上的空间分解, 但所产生的一系列模态却未必是我们所需要的, 毕竟数据分析的主要目的是探索事物的内在规律, 而不是数学上的分割与合成. 对科研工作者来说, 恰恰是实际物理过程的固有模态才是要研究的对象, 它们可能根本就不具备规则的数学形式. ESMD 方法不需要基, 只有一个简单的分解规则. 相比于有基分解方法其优势是明显的: (1) 由于采用的是无基形式, 其分解灵活性更高; (2) 由于模态具有振幅调整和频率调整的特点, 模态表现力更强. 这些特点更适用于探索性数据分析.

以大气和海洋科学为例, 由于它们是以观测为主的学科, 相应的数据分析工作必不可少, ESMD 方法在这方面大有用武之地. 特别地, 我们曾总结过该方法在气候数据分析方面的优势 [王金良和李宗军 (2014)]: (1) 擅长寻找变化趋势, 不仅能够从数年的观测序列中分离出年际变化趋势, 也能够从数百年的长时间气候观测序列中分离出气候变化总趋势, 有助于探究全球气候变暖问题; (2) 擅长异常诊断, 能够从分解模态中发现异常时段与频段, 有利于气候异常研究; (3) 擅长时 – 频分析和能量分析, 先进的直接插值法能够直观地分析各时间尺度上的频率变化和能量变化.

除了科学探索之外, ESMD 方法在工程应用方面也存在广阔前景. 可以以我们的两项软件著作权 [王金良和李宗军 (2012), 王金良和李慧凤 (2012)] 为基础开展各种形式的合作. 既可以根据工程需要将直接插值法嵌入硬件设备制成各种实时的时 – 频监测仪器, 又可以根据行业需求开发出各种数据分析软件.

7.2　与应用有关的几个问题

数据是通过实验、测量、观察、调查等手段获取的观测值. 首先, 应保证其客观性, 不客观的数据不具代表性, 即使再好的数据分析方法也做不出有价值的结果. 这要求所用观测仪器的精度足够高, 所用观测方法也要科学、合理; 其次, 应保证其充分性, 即数据量要足够大, 否则难以体现内在变化特征; 再次, 进行数据分析之前, 要对数据进行必要的预处理, 需要结合诊断值剔除野点, 也需要对少量缺失数据采用适当的插值法来补全; 最后, 以 txt、dat 等格式储存的文件一般只有因变量而无自变量, 这需要结合仪器的采样频率来补充.

ESMD 方法是一种数据自适应分解方法, 没有先验的基函数, 但所分解出的固有模态可以被视为基函数. 这便于根据需要进行滤波处理. 此时的滤波极为简单, 只需去掉其中的几个模态即可. 从分解过程可见, 模态是逐个从原始数据中抽离的, 所以模态的总和就等于原始数据, 不存在信号重构问题.

ESMD 方法可对做过必要预处理的数据进行直接分解, 只要含有相当数量的极值点就适用, 无需去趋、去噪、加噪、平滑等处理手段作辅助. 由于通常的 "最小二乘法" 和 "滑动平均法" 给出的趋势函数比不上 ESMD 方法通过优化手段给出的全局自适应均线 (可用方差比率来比较), 分解前试图去掉趋势函数的做法是一种退步. 其实事先去噪或加噪处理也不可取. 通常人们所认识的噪声就是所谓的 "白噪声". 这是一个统计学术语, 指在各个频段上信号都有大致相当的能量分布, 具有随机性和统计平稳性. 在 5.3 节我们已经分析过加噪处理的弊端, 刻意从观测数据中滤除这种理想化的数字信号也是不可取的. 原因就在于噪声不仅仅有高频扰动, 其低频部分也不容忽视. 其实实测数据中并不含有这种理想化的噪声信号, 应当尊重数据的原始状态并以自适应的方式进行分解. 所以**在 ESMD 框架下不存在 "噪声" 这样的术语, 只有高频模态和低频模态之分**.

ESMD 方法也有其局限性. 由于分解规则是在信号内部做插值, 而这些幅值较小的插值线又将产生较低频的模态, 所以除了最后剩余的自适应全局均线可能具有较大的幅值外, 其余模态的幅值差别往往并不大. 特别地, 在数据分析过程中模态 1 往往并不能被视为高频小扰动而被忽略掉.

7.3　ESMD 方法计算软件介绍

ESMD 方法计算软件主要由李宗军老师开发. 其压缩包 esmd4j-1.0-free.zip 已于 2014 年 11 月 2 日在科学网公开, 下载地址为 http://blog.sciencenet.cn/u/wangjinliang10, 凡是与随机数据分析有关的科学探索都可尝试, 软件界面分中英文两种.

1. 功能　Esmd4j v1.0 是一款非线性数据分析软件, 采用 Java 语言开发. 具有跨平台性特点, 凡是支持 JVM6 及其以上版本的操作系统都适用. 依照软件的菜单提示可执行如下操作:

(1) 对输入信号进行模态分解并输出相应图形和数据;

(2) 计算各个模态的瞬时频率和瞬时振幅并输出相应图形和数据;

(3) 计算脉动模态的总能量并输出相应图形和数据.

2. 运行环境　普通微机, 最低配置要求: CPU 512 MHz, 内存 512 M, 硬盘 5 G.

3. 软件的安装与启动　软件以压缩包 esmd4j-1.0-free.zip 的形式发布, 需要先从网上下载 jre1.7 以上版本的 Java 环境包软件平台. 安装很简单, 只需将 esmd4j-1.0-free.zip 解压缩到目标目录下即可. 在 esmd4j 根目录下软件的启动如下:

Windows 平台下, 在文件管理器或者 cmd 命令窗口中执行:

(1) run.bat　则启动软件后显示的界面与操作系统一致, 即若是英文操作系统, 就显示英文界面, 若是中文操作系统就会显示中文界面.

(2) run_zh.bat　则启动软件后显示的是中文界面 (见图 7.1).

(3) run_en.bat　则启动软件后显示的是英文界面.

Linux 平台下, 在 terminal 命令窗口中执行:

(1) sh ./run.sh　则启动软件后显示的界面与操作系统一致, 即若是英文操作系统, 就显示英文界面, 若是中文操作系统就会显示中文界面.

(2) sh ./run_zh.sh　则启动软件后显示的是中文界面.

(3) sh ./run_en.sh　则启动软件后显示的是英文界面.

4. 注意事项　在执行操作之前请注意将待输入数据放于同一目录下; 最后剩余极点个数 (决定自适应全局均线最多能发生几次弯曲) 和筛选次数 (最好位于稳定的等值区间内) 可根据数据特点进行适当调整; 对已保存的数据可根据个人需要应用 Matlab 等软件平台进行后续处理.

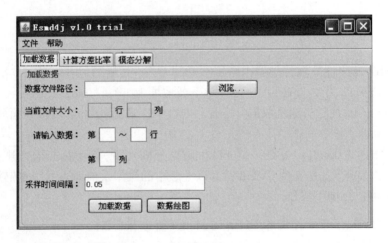

图 7.1　Esmd4j 软件中文界面

第 8 章 模态分解的机理探索

ESMD 方法和希尔伯特 – 黄变换方法都是以模态自适应分解为基础的. 这种分解无需先验地选定基函数, 其筛选过程只遵循一个简单的对称规则, 容许误差和筛选次数的选取带有一定的经验性. 为什么要这样分解? 为什么可以这样分解? 这些问题涉及模态分解的深层机理, 是 ESMD 方法进一步发展必然要面对的理论基础部分, 值得深入探索. 本章所给出的内容还只是我们的一些初步认识, 尚不成熟.

8.1 固有模态对应物质振动或量值涨落

数值模拟和数据分析已成为高技术的两个重要手段. 有成熟数学模型的问题适用数值模拟, 没有数学模型的问题只能依靠数据分析了. 特别地, 对于物理机制不明确的过程, 研究有赖于实验观测. 探索的方式往往是将杂乱无章的随机观测数据分解成不同频率的模态, 从中寻找可能的变化规律. 就机械运动来说, 这些模态对应着一系列的固有振型; 就物质变化来说, 这些模态对应着不同尺度的量值涨落.

机械运动即物质客体的空间位置移动. 它是最低级、最简单的运动形式, 是其他一切运动形式的基础. 恩格斯在《自然辩证法》一书中曾根据当时科学发展的水平, 按照从低级到高级的顺序以及复杂的程度, 把宇宙中各种各样的物质运动划分为机械的、物理的、化学的、生物的以及社会的五种基本运动形式. 近现代自然科学的发展, 特别是一系列新兴边缘学科的出现, 使人们对物质运动形式的认识更加深入, 有必要将思维运动从社会运动中分离出来, 作为运动的基本形式之一. 辩证唯物主义认为, 高级运动形式包括低级运动形式, 并以最低级的机械运动作为基础. 所以, 我们进行科学探索应当从认识机械运动开始, 相应的数据分析也应当遵循机械运动的基本规律.

在机械运动中, 振动与波动是其最基本、最普遍的表现形式. 振动指物体在平衡位置附近作往复运动, 其特点是有平衡点且有重复性. 例如钟摆的摆动、心脏的跳动、音叉的振动等. 如果振动系统不是孤立的, 振源会带动周围介质一起振动. 这种振动在空间中的传播过程就叫波动. 广义的振动指任一物理量 (如位移、电流、温度、化学物质浓度等) 在一数值附近上、下变化, 即量值涨落. 当这种量值涨落还具有一定空间传播特性时, 就是广义的波动.

形如 $A\sin(\omega t + \varphi)$ 的简谐振动是最基本的振动形式. 在傅里叶理论框架下, 任何复杂的振动都可以被分解为一系列简谐振动的叠加 (任意连续函数都能展开成傅里叶级数). 尽管这种分解在数学上是完备的, 可是这种正弦形式的模态未必对应实际物理振型. 固有振型的振幅和频率很可能会存在一定程度的变化. 例如, 一个阻尼振动过程的振型应当具有振幅衰减特性. 在这种情况下, 再依傅里叶理论将其视为无穷个频率不变、振幅不变的简谐振动的合成就显得太过牵强了. 小波变换在一定程度上弥补了傅里叶变换的缺陷, 能够表达出频率的时变性. 但不同的小波基给出的空间分解也不同, 这给解释物理真实带来了困难. ESMD 方法和希尔伯特 – 黄变换方法一样, 所采用的是数据自适应处理方式, 不需要预先取定基函数或窗口长度, 所分离出的有限个模态其频率和振幅都存在变化, 从而能够更好地对应固有振型. 其实科学探索的主要目的就是寻找这些固有振型, 在这方面 ESMD 方法的优势是很明显的.

8.2　极值点的标志性作用

ESMD 方法和希尔伯特 – 黄变换方法一样, 都采用一定的对称规则进行分解. 不论是极点对称还是包络线对称, 它们都是按极值点来定义的, 其实这源于极值点的标志性作用. 以水波运动为例, 极大值点对应波峰而极小值点对应波谷. 直观上峰和谷是波的识别标志, 没有峰、谷变化也就无所谓波动. 两相邻峰或相邻谷之间的距离被定义为波长, 由峰下落至谷再抬升至峰的时段被定义为周期. 普遍的认识如此, 模态的筛选乃至时 – 频分析也该如此.

由于存在高频小波跨骑在低频大波上的普遍现象且波的叠加具有相互独立性, 为了分开它们, 可认为高频小波的波峰 (极大值点) 和波谷 (极小值点) 关于低频大波的波面是局部对称的. 这是极点对称分解的依据. 一次次重复筛选可让准模态更接近具有局部对称性的高频小波. 分离出最高频的小波后, 可依次分离其他小波, 它们的频率近似呈现减半变化. 这种 "剥洋葱" 式的分解思想和图形的 "分形" 结构有异曲同工之妙.

8.3 模态分解是寻找最佳拟合曲线的过程

模态分解最基本的过程是通过一次次筛选提高准模态的对称度. 其实在数学上这是一个寻找最佳拟合曲线的过程. 以风速数据 $Y(t_i)$ $(1 \leqslant i \leqslant N)$ 第一个模态的筛选过程为例, 记 $h_j(t_i)$ 和 $m_j(t_i)$ 为第 j 次筛选得到的准模态和对称中线, 则成立

$$h_j(t_i) = Y(t_i) - \sum_{p=1}^{j-1} m_p(t_i).$$

因而可视 $h_j(t_i)$ 为曲线 $M_{j-1}(t) = \sum_{p=1}^{j-1} m_p(t_i)$ 拟合数据 $Y(t_i)$ 的剩余量. 此余量的标准差越小说明拟合曲线越好. 为了更客观地表现拟合程度此处我们依然采用相对于常规标准差 σ_0(由 (4.1.2) 式给出) 的方差比率形式 $\nu_j^* = \sigma_j^*/\sigma_0$ 来刻画. 只不过此处 σ_j^* 指的不是相对于全局均线的标准差而是相对于中线和的标准差:

$$\sigma_j^* = \sqrt{\frac{1}{N} \sum_{i=1}^{N} [Y(t_i) - M_{j-1}(t_i)]^2} = \sqrt{\frac{1}{N} \sum_{i=1}^{N} h_j^2(t_i)}.$$

由图 8.1 可见方差比率 $\nu_j^* = \sigma_j^*/\sigma_0$ 随筛选次数 j 呈现递减性变化, 这说明曲线 $M_{j-1}(t)$ 对原始数据的拟合程度越来越好, 筛选过程的确是一个寻找最佳拟合曲线的过程. 当然, 这种优化过程不需要一直持续下去. 实际分解中产生的都是达到较高满意度的模态 (满足一定容许误差), 而且是在全体模态的整体优化策略下获取的. 图 8.2 是对应于模态 1 的拟合曲线, 此时误差条件为 $\varepsilon = 0.001\sigma_0$, 整体优化的筛选次数为 30. 尽管就模态 1 而言筛选次数越多拟合误差越小, 满意

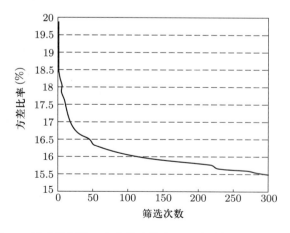

图 8.1 风速数据第一个准模态的方差比率随筛选次数的变化

度也越高, 可是就整体而言, 只有最后剩余的全局自适应均线 (一般是量值最大的拟合曲线) 是最佳的, 才能保证全体分解的有效性. 从最佳拟合的角度来说, 可以采用逐个模态单独优化的策略, 但其实施过程并不理想, 而且耗时过多, 比不上整体优化策略. 这是分解机理和具体实现的矛盾, 不过它们在优化处理的原则上却是一致的.

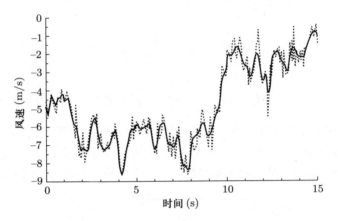

图 8.2　风速数据 (虚线) 与其对应于模态 1 的拟合曲线 (实线)

第 9 章 海 – 气通量应用实例与相关研究

海 – 气界面处的动量、热量和水汽交换是联系海洋和大气的重要桥梁, 是影响全球气候变化的重要过程. 它们是表征下垫面强迫和与其上大气相互作用的重要参数, 可以强烈地影响大气边界层结构, 进而影响大气环流. 海 – 气界面处的感热通量、潜热通量以及辐射通量是影响海洋上混合层以及季节温跃层变化的重要因子, 而动量通量则是海流、海浪的动力来源. 海 – 气界面通量可以为模拟海洋或大气环流提供更为精确的初、边界条件, 这对海 – 气耦合数值模式以及中小尺度的天气预报都是至关重要的. 另一方面, 海 – 气界面的物质交换涉及全球范围的碳循环. 尽管人们确信海洋是二氧化碳的一个巨大碳汇, 但其确切的数值及其未来变化趋势至今仍有争议, 很多科学难题都归结于海 – 气界面实测数据的匮乏.

本章就我们在海 – 气通量观测和交换机制方面的研究成果进行总结. 除部分未公开的成果外, 其他参考资料均来自个人博士后出站报告 [王金良 (2008)] 和相关研究论文. 其中 ESMD 方法非湍滤波研究部分可作为本书的应用范例.

9.1 海 – 气边界过程

正如渊秀隆等 (1985) 所述, 大气与海洋系统可被视为一部巨大的持续工作着的热机. 其内存在着各种物质和能量的转换形式, 而这些转换大都表现为海面边界过程. 在海面这个特殊的承载面上发生的物理过程注定会成为海 – 气相互作用研究的焦点.

(1) 热量交换　其中包括短波辐射、长波辐射、显热交换以及蒸发潜热等过程. 海面上的水蒸发之后, 就会在大气中凝结, 并将海洋的热量以蒸发潜热的方式输送给大气. 热量交换同海洋中的热与盐的扩散过程相联系, 能够影响密度结构进而影响大洋环流.

(2) 水交换　蒸发和降水是海面上水交换的两种重要形式. 水交换会造成海洋表面温度和盐度发生变化, 进而引起密度变化.

(3) 动量交换　吹过海面的风给海面以应力. 这就意味着大气向海洋输送了水平动量. 进入海水中的动量, 一部分成为风浪的动量, 另一部分成为海流的动量. 也就是说, 作用在海面上的动量以及动能的交换, 是同波浪、海流的发生与发展紧密结合在一起的.

(4) 波浪破碎　如果风浪稍有成长而吹拂海面的风也较强, 风浪的表面就会发生破碎, 气泡进入水中, 进而破坏海面的层流边界层, 湍流得以产生. 这是一个转折点. 此后, 各种物理量的交换都会发生变化. 海面上的气泡会破裂生成水滴, 而水滴又会变成海面上空水汽的源泉, 致使整个海面的蒸发增强. 再者, 海水除了从海面以分子形式蒸发外, 也可以直接以液体水的形式运送至上方. 还有, 水分自海水水滴中蒸发后所剩余的海盐粒子会成为大气中水汽的凝结核, 尤其是其中一些较大的海盐粒子, 它们会导致温暖的云层发生降水. 由于这些蒸发出来的海盐随着降水下落到陆地并经由地表径流而归于大海, 因而这些海盐的生成、分布过程从地球物质循环的角度来看也同样是重要的. 另外, 在水滴生成过程中还会有电荷产生, 所以从全球的电离平衡方面来说也是一个重要问题.

(5) 二氧化碳和氧气　二氧化碳和氧气会通过海面在大气与海洋之间不断交换. 随着人类生产活动的日趋频繁, 燃料燃烧所产生的二氧化碳于大气中按说应当有所增加, 但由于它与主要以重碳酸离子的形式而溶于海水中的溶解物保持着平衡, 从而被吸收到海洋这个更大的贮藏库中去, 因此大气中二氧化碳的积蓄并没有增加. 通常也认为海面是海水中溶解氧的供给源. 另外, 若水在海面附近滞留时间延长, 生物或生物尸骸对氧的消耗也会降低海水中溶解氧的浓度.

在研究中怎样选取这些边界过程呢? 以海面为界, 在空气中有属于向量的风速, 属于标量的气压、气温、水汽浓度、水滴数量、电荷密度等. 在海面以下也有诸如水质点的运动速度、压强、水温、盐度、二氧化碳分压等. 并且, 作为物理现象, 有属于向量的动量、属于标量的热量、水汽量、盐度等. 这些通量是通过上述变动着的场发生的, 而就整体而言, 它们于海面处的变化应该是连续的. 由于实际观测存在诸多困难, 一般只能获取海面以上某一高度或海面以下某一深度上的物理量, 例如水上 10 米高度处的平均风速、气温、水汽密度, 以及水下 0.5

米处的水温、流速和与波浪有关的一些特征量.

我们可以把上述若干个变量加以组合, 直接计算物质通量. 但并不是在任何时候、任何场合都能直接测出通量, 为此要采用能表现观测事实的理论和方法. 在边界层内的各种物理量中, 属于空气和水共同具有的垂向动量输运是海面边界过程中的实质性因素, 水汽通量和热通量都受其影响. 海 — 气边界层包含着大气底边界层和海洋上边界层. 大气底边界层内的风应力是主要的控制因子, 它可以由湍流脉动风速分量 v', w' 表示为雷诺应力的形式 [柯劳斯 (1979)]:

$$\tau_0 = \rho \overline{v'w'} \equiv \rho u_*^2 \equiv \rho C_z U^2(z),$$

这里 u_* 为摩擦风速, C_z 为无量纲拖曳系数, 它随平均风速 $U(z)$ 所参照的高度 z 的增加而减小. 切应力穿过分界面是连续的, 因而在海洋上边界层内波浪充分成长时其动量不再增加, 按定义有

$$\tau_0 \equiv \rho u_*^2 \equiv \rho_w u_{w*}^2,$$

其中 u_{w*} 为水中的摩擦速度, 它是表征湍流速度的尺度, 在水中约为在空气中的 1/30. 这表明海洋的湍流混合率比分界面以上同距离处空气的混合率小得多.

在大气中的热通量和水汽通量不受水平压强梯度力和科氏力的影响. 因此常通量层跟常应力层是不同的, 而且比常应力层厚. 若热和水汽的局地变化只是由于平均水平运动的水平流引起的, 则热和水汽常通量层可以近似地以常应力层厚来表征. 不过, 在存在非绝热加热或热和水汽的铅直梯度有明显的不连续时, 这一近似关系不适用. 蒸发和红外辐射的发射和吸收相结合使紧靠水面之下成为一强热源. 因此, 横过海 — 气分界面的热通量是不连续的.

获取海 — 气通量的手段主要有三种: 现场直接测量、数值模拟和卫星遥感. 数值模式与实测值的误差较大, 卫星反演的太阳辐射通量和长波辐射通量较好, 而其他通量误差较大. 所以, 目前来讲海 — 气通量的直接观测研究无疑是最紧迫的.

以湍流交换为依据的直接通量观测需要高精度、快响应的仪器, 并且其通量计算方法主要是针对陆地上固定平台而言的. 进行海上直接观测免不了要受船体、浮标体等移动搭载平台的影响, 从而需要解决通量计算中的运动补偿校正问题. 特别地, 在中高海况下搭载的各种精密观测仪器的浮标工程样机要适应各种恶劣环境. 在这种情况下, 高风速和强波浪所导致的浮标体晃动对通量测量的影响是不容忽视的. 另一方面, 从物理机制上来讲, 海 — 气交换不仅依赖于大气底边界层内的动力和热力过程, 也与海洋上边界层内的波、流、湍等动力因素息息相关. 由此可见, 研究动量、热量等在海洋上边界层内的垂向输运机制也十分有必要.

9.2　海 – 气通量研究现状

国内外对海 – 气通量的研究给予了极大关注. 这方面的研究早在 20 世纪 30 年代就已经开始了. 20 世纪 50 年代以来 Wyrtki (1965)、Bunker (1976) 和 Smith (1980) 等人曾先后对全球大洋或区域海洋的热通量进行了计算. 我国海洋气象学者也对西太平洋和印度洋进行了热通量的计算, 并出版了资料集和图集 [中国科学院海洋研究所气象组 (1979, 1984)]. 早期研究由于海上资料匮乏, 加之海 – 气界面通量计算的热量和水汽交换系数存在很大的不确定性, 给出的结果分辨率偏低且差别较大, 难以满足海 – 气相互作用研究中的诊断分析和气候模拟要求.

20 世纪 80 年代以来, 对于海 – 气通量的研究越来越受到重视. 如大西洋季风试验 (ATEX)、热带海洋和全球大气试验 (TOGA)、全球大洋通量联合研究 (JGOFS)、全球海洋生态系统动力学研究 (GLOBEC)、海岸带陆海相互作用研究 (LOICL) 和 AutoFlux 计划均将海 – 气通量的观测和研究作为主要内容. 在世界气候研究计划 (WCRP) 和海洋研究科学委员会 (SCOR) 关于海 – 气通量工作报告中也给予了充分重视 [Taylor (2000)]. 特别是产生了与 TOGA 计划相关的大量研究成果 [Klinker et al. (1999), Moyer & Weller (1997), Fairall et al. (1996)]. 我国对于海 – 气热通量的研究始于 20 世纪 80 年代末, 主要研究区域基本限定在西太平洋及中国近海. 由于所使用的资料大部分是来自船舶观测资料且时间序列较短, 分辨率低, 其误差较大. 尽管如此, 也曾获得了许多有价值的研究成果 [赵永平等 (1983), 陈锦年等 (1984, 1986a, 1986b, 1987), 邵庆秋等 (1991)]. 在热带海洋和全球大气 (TOGA) 研究计划以及耦合海 – 气响应试验 (COARE) 中, 通过在西太平洋区域采用涡动相关法获得了宝贵的海 – 气通量资料 [陈陟等 (1997), 曲绍厚等 (1996)]. 1998 年 5 月 14 日至 6 月 22 日, 在国家科技攀登计划南海季风试验 (SCSMEX) 中, 应用块体法和风速廓线法首次获得了较长时段西沙永兴岛海区的海 – 气界面热通量 [闫俊岳等 (1999, 2000), 曲绍厚等 (2000), 姚华栋等 (2003)]. 在国家基金和国家 863 项目的支持下于西沙又进行了第 2 次和第 3 次海 – 气界面通量观测试验, 得到了一些有重要意义的成果 [蒋国荣等 (2004), 陈锦年等 (2006a, 2006b), 褚健婷等 (2006)].

海 – 气界面通量研究的重要手段之一是利用仪器对海 – 气界面相关物理参数进行直接测量, 然后利用一定的计算方法得到海 – 气界面的动量、热量、水汽和二氧化碳通量. 1971 年 Pond 在 R/V Flip 观测平台利用协方差方法对海 – 气湍流通量进行了测量. 三维风速的测量装置采用了 KD 公司生产的 PAT-311 型超声风速仪, 温度脉动的测量装置采用了铂电阻温度计; 湿度测量装置采用了紫外线湿度计. Smith (1980) 利用近海固定测量平台测量了海 – 气湍流通量, 系统地研究了协方差方法与惯性耗散方法. 观测结果表明协方差方法与惯性耗散方法的测量精度基本一致. 他所采用的风速测量装置是 Gill 型风速仪和 MK8 推力式风速仪, 温度测量装置采用热敏电阻温度计.

近年来, 迫于全球气候变暖所带来的巨大压力以及碳循环研究、海－气耦合响应研究、上混合层动力学、海洋模式的发展、海洋微波遥感、水色卫星遥感和红外遥感精细测量技术发展的需要, 迫切需要对海－气界面关键物理过程及其派生物进行系统的观测研究. 1990 年 Fairall 等在活动观测平台和固定平台上测量海－气湍流通量, 并对协方差方法和惯性耗散方法进行了较为深入的比较研究. 风速观测装置选用了快速响应的三维超声风速仪, 同时利用该传感器的温度测量功能输出温度脉动变化, 湿度测量装置则利用紫外线湿度计. 1991 年在表面波动态实验中采用 NDBC SWADE 3-m discus 浮标直接测量海－气通量, 该浮标装有的仪器设备有: DataWellHippy40 波动仪, 6011TAMS 三轴通量阀磁力计, KA1100 型和 KA1400 型加速计, Young 公司的 K-Gill35351 风速计. 2000 年迈阿密大学的海洋－大气科学实验式研制了一种新式 ASIS 海－气界面测量浮标平台 [Graber et al. (2000)]. 该浮标能直接测量海浪方向谱、动量通量、热通量和海面辐射. 该浮标温度测量装置使用 Campbell Scientic 公司的 107 热电偶温度计, 风速、风向测量装置采用 Gill 公司的 1012R2A 超声风速仪, 大气压测量装置采用 Vaisala 公司的 PTB101B, 测波传感器采用加拿大国家水利研究所 (CCIW) 研究开发的电容导线, 湿、干球式温度测量仪由坎贝尔科学探针制作. 平台测试期间安装的其他传感器还有大气压力传感器、自吸降雨测量仪和散射计. 1998 年 8 月 — 2001 年 8 月开展的 AutoFlux 计划项目研制了以主动考察船和无人浮标为载体的自动通量观测系统, 并开发了以惯性耗散法为基础的通量算法软件.

我们于 2006年 12 月至 2009 年 12 月开展的国家重点 863 计划项目 "海－气微尺度过程检测系统", 参考了 ASIS 浮标的设计方案, 旨在研制适合中高海况下具有良好稳定性的浮标工程样机, 并通过优选和架装各种传感器获取海－气界面通量. 为实现中高海况下海－气界面微尺度过程的实时监测目的, 本课题选用了精度高、采样率高、稳定性好、能适应恶劣环境的传感器. 当然, 对浮标体姿态的测量和对通量计算的校正问题也是该课题要解决的基本问题.

9.3 通量观测方法

海－气通量研究有如下几种分类:

(1) **按研究手段分**   现场直接测量、数值模拟和卫星遥感.
(2) **按研究类型分**   观测研究、理论研究.
(3) **按观测位置分**   空气中测量、水体中测量.

(4) **按通量类型分**　动量、感热、潜热、辐射、水汽、CO_2、O_2 等.

(5) **按研究内容分**　通量观测与校正、波浪破碎对海 – 气交换的影响、海洋上边界层内的湍流耗散与热传输过程、风应力与拖曳系数、大区域和全球尺度通量计算、年代际通量变化等.

(6) **按观测方法分**　块体参数化方法、风速廓线方法、涡相关方法和惯性耗散法等.

由于不同的观测方法对应着不同的设备要求和数据分析过程, 这是野外观测必须事先选定的. 四种方法的特点如下:

(1) **块体参数化方法 (bulk aerodynamical method)**　该方法由 Charnock 于 1955 年根据 Monin-Obukhov 相似性理论导出. 用状态变量的平均值通过迭代法来计算湍流通量. 但这种方法受海上浮标与船体的倾斜和摇摆影响, 会造成观测误差. 块体法属于一种参数化方法, 可应用于某一海区或者全球范围. 由于受人力、物力以及观测手段的限制, 目前科研工作者大多都采用这种方法. 但是, 这种参数化方法对其基本参数的取法出入较大, 可信度低. 到目前为止, 对于热交换系数和水汽交换系数的具体计算问题仍未解决.

(2) **风速廓线方法 (wind mean profiles)**　利用通量值与平均变量垂直廓线间 Businger-byer 关系, 由平均廓线的测量值导出通量. 该方法的优点是只需要不太昂贵的慢反应传感器. 缺点是通量于平均廓线之间的关系是经验的, 而且廓线的形状会受粗糙度等因素的影响. 这一经验关系需要精确测量一些气象学参数的分布梯度, 但是海上观测很难实现, 这是该方法的主要缺点.

(3) **涡相关方法 (eddy correlation method)**　又称协方差方法 (covariance method), 它根据湍流通量的原始定义, 利用快速响应的传感器直接测量风速、温度和湿度等状态变量的脉动值, 然后进行协方差统计处理得到湍流通量. 它是目前海 – 气通量观测中最直接的计算方法. 由于海上浮标和船体的晃动会造成仪器偏斜并造成测量误差, 因此该方法对测量仪器的采样频率要求较高且需校正平台晃动的影响 [Dardier et al. (2003)]. 随着海 – 气通量观测技术的不断发展, 从最初的海 – 气界面物理量的慢反应测量到目前的高频、快速测量, 观测仪器精度、采样频率和抗恶劣环境能力也在不断提高. 因此对于仪器的要求目前已经不成问题, 问题主要在于测量方法的选取和数据的计算方面.

(4) **惯性耗散法 (inertial dissipation method)**　依据 Kolmogorov 湍流能谱理论, 通过测量海洋动力环境参数脉动梯度来确定海 – 气通量. 数据采样频率高, 无需修正船体运动. 此方法需要增加额外参量, 如海 – 气温差等物理量才能确定通量方向. 该方法针对的是各向同性湍流, 直接应用于海 – 气通量观测数据会有误差. 比起涡相关方法来说, 被认为具有如下优点: 不需要计算风速垂直分量、对气流扰动和平台晃动的影响不敏感.

如前所述, 惯性耗散法被认为对测量环境限制较小因而成为目前广泛采用的方法. 但实际上, 从我们的近岸海上晃动实验来看并不尽然. 在这些方法当中, 虽然涡相关方法对载体运动和气流扰动很敏感, 但毕竟它是目前最直接并能实时测量的方法, 对其算法进行改进并有效利用不失为一条好的途径. 我们的 863 项目采用的就是涡相关方法, 所以通量计算会涉及非湍流信号的滤波问题和运动补偿校正问题. 在我们的研究中惯性耗散法也多有涉及, 下面对二者进行简要介绍.

9.3.1 涡相关方法的测量原理

在大气边界层内的动量、热量和水蒸气等的传输过程大多受湍流运动控制. 应用 Reynolds 分解 $x = \overline{x} + x'$ 可以定量刻画这种过程, 这里 $\overline{x}$ 表示时间平均值, x' 表示脉动值. 一般垂向对流通量可表示成 $F = w\chi$, 其中 $w = \overline{w} + w'$ 为速度, $\chi = \overline{\chi} + \chi'$ 为物质浓度, 但考虑到海 – 气界面上垂向平均风速 $\overline{w}$ 极小, 一般假设其为零, 所以通常考虑的是脉动速度所传输的通量 $F = \overline{w'\chi'}$

由图 9.1 可见当湍涡 (eddy) 向上移动时空气脉动浓度 χ' 是正的, w' 也是正的; 向下移动时脉动浓度 χ' 是负的, w' 也是负的. 所以 $w'\chi'$ 总是正的, 这表示本例中有向上的通量. 这也说明通量是沿着浓度梯度方向的. 其实块体公式就是利用梯度来表示的.

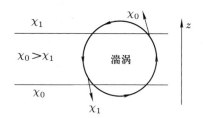

图 9.1 描述湍流输运过程

这种表示正是涡动协方差 (eddy covariance) 形式:

$$\overline{A'B'} = \frac{1}{N} \sum_{i=1}^{N} A_i' B_i' = \frac{1}{N} \sum_{i=1}^{N} (A_i - \overline{A})(B_i - \overline{B}),$$

其中 A 和 B 表示两个任意变量. 相应于固定平台上的动量、热量、水汽和二氧化碳通量的计算公式为:

(1) 动量通量 在海 – 气界面上, 通常的动量通量来源于风应力, 其计算公式为

$$\tau = -\rho(\overline{u'w'}i + \overline{v'w'}j),$$

其中 ρ 为空气密度, u' 和 v' 为水平风速脉动, w' 为垂向风速脉动. i 和 j 分别代表两个水平速度方向. 观测中的平均时间通常取为 30 min.

(2) 热通量　海 − 气界面热通量可以表示为

$$Q = SW + LW + Q_S + Q_L,$$

这里右端诸项分别为净短波辐射通量、净长波辐射通量、感热通量和潜热通量 (单位为 W/m²). 来自上、下两个方向的净短波辐射和长波辐射可直接由辐射仪测得. 而感热和潜热可以由温度和湿度脉动以及垂向风速脉动采用涡相关方法获得, 具体表达式如下 [Munger & Loescher (2005)]:

$$Q_S = \left(\frac{M_a C_p}{V}\right)\left(\overline{w't'_s} - (0.000321 T_k \overline{w'q'}) + \frac{2\overline{u}\,\overline{u'w'}}{403}\right),$$

$$Q_L = \frac{\lambda M_w \overline{w'q'}}{V \cdot 1000},$$

其中 M_a 是干空气的分子质量 (0.0289644 kg/mol), C_p 为干空气的定压比热 (1004.84 J/(K·kg)), V 是空气的摩尔体积 (单位为 m³/mol), $\overline{w't'_s}$ 是垂向脉动风速与超声风速仪测得的脉动温度 t'_s 的协方差 (单位为 m °C/s), T_k 是由超声温度估计出的实际空气温度 (单位为 °K). $\overline{u}$ 是指水平风速的时间平均 (单位为 m/s) 且 u' 指的是顺风方向的风速脉动, q' 为湿度脉动. 在此需要说明的是对于 ATI 探头、Campbell CSAT3 或 Gill R 系列风速仪产品横向风的影响校正是不需要的, 也就是说 Q_S 中最后一项此时可以忽略掉. 当然这需要在数据处理时先将风速作旋转处理并找出平均风速方向. M_w 是水的分子质量 (18.015 g/mol). λ 是水蒸气蒸发的潜热系数 (2500.8–2.3668T_s J/g). 另外, 空气的摩尔体积定义为:

$$V = R\frac{T_k}{P},$$

其中 R 是理想气体常数 (0.082 L·atm/(K·mol)), P 是大气压强 (1.10325 atm). 其中 T_k 由下式给出:

$$T_k = \frac{T_s}{1 + 0.000321q} + 273.15, \quad T_s = \frac{c_*^2}{403(1 + 0.32/P)},$$

这里 c_* 是测量到的声速 (m/s), q 为湿度.

(3) 水汽和 CO₂ 通量　水汽通量和 CO_2 通量可分别由湿度脉动 q' 和 CO_2 浓度脉动 c' 与垂向风速脉动 w' 采用涡相关方法获得, 具体表达式为

$$E = \frac{M_w \overline{w'q'}}{V \cdot 1000}, \quad F_{CO_2} = \frac{\overline{w'c'}}{V}.$$

涡相关方法在理论上很简单, 但在应用上却要求有足够快的测量装置. 据 Yelland 所说采样频率一般要达到 2Hz 才可以应用涡相关方法来计算通量 (www.

soc.soton.ac.uk/JRD/MET/AUTOFLUX/). 按官晟等 (2004) 所述, 得要求采样频率满足 $f > 2U/z$, 此处 z 为离开海平面的观测高度, U 为该高度处的平均风速. 一般来说, 表面粗糙度越大或观测位置越高相应的湍涡尺度就越大, 从而所需传感器的采样频率就越低. 目前这一要求已经不成问题, 例如超声风速仪的采样频率一般可以达到 50 Hz. 当然采样频率越高对湍涡的测量越准确, 但是太高的数据流量会对传输和存储带来问题. 如果高频采集的数据不能及时地得到转存就会丢失或出错.

应用此法进行标量测量是一个潜在的困难, 这得要求标量观测仪器与快速采样的风速仪保持同步. 尤其是稀薄气体, 它会黏附在仪器通道里阻碍信号传递、影响测量准确度. 由美国 Licor 公司生产的 LI7500 二氧化碳/水蒸气开路分析仪采样频率最高可达到 20Hz, 但是其造价也不菲, 在 2007 年购买一套需 16 万元人民币.

有效应用涡相关方法的一个基本要求是在平均时段内物质的平均浓度不能变化太快 (稳定性要求). 若在一个时段内物质浓度有增加的趋势, 则起初的脉动部分会低估而末尾部分则会高估. 由此可见, 用于涡相关计算的脉动值只在平均时段的中间点上才是准确的, 这样会导致垂向湍流通量的错误估计. 分析这样的数据是非常复杂的 [Fontan et al. (1997)], 不宜直接应用涡相关方法. **水平浓度梯度也会导致通量计算误差.** 除非同时能把水平浓度梯度准确地测出来, 要不实在没有办法校正这一点 [Nemitz (1998)]. Buzorius et al. (1998) 将这种影响描述为强不稳定. 他们发现在这种情况下解趋 (detrending) 处理也不好用. 其实就这一问题来讲完全可以借助 ESMD 方法来解决. 另外, 涡相关方法还得要求有湍流条件: **存在风速剪切和表面加热.** 研究者发现, 摩擦风速 u_* 和标量通量之间存在的经验关系可用于判断 "充分混合条件". 因此, 在稳定条件下当垂向湍流不是主导传输方式时通常可用 u_* 的阈值来滤除数据. 此外, 数据的空缺总是难免的, 补充数据问题也需要考虑.

前述通量计算公式是针对固定平台而言的, 它们能否适用于调查船和浮标等移动平台目前还是个问题. 即使认可其适用性, 如何给出合理的晃动校正也是一个有待探究的问题. 关于这一点我们将在后面的章节详细展开. 在边界层内一般假设通量不随高度变化, 即满足垂向一致性, 但是实际情况未必如此. 通常来讲, 垂向通量差别小于 10% 的那一层被认定为常通量层. 但是在中高海况下, 风应力和波浪都非常剧烈, 不同高度处的通量差别到底有多大还是个问题, 这也是我们采用仪器多层布放的目的之一. **涡相关方法总能如实地测量到观测点处的通量值 (指固定测点), 问题是如何去解释它!** 例如: 一个向上的平均通量值可以来自上、下、左、右各个方向. 由此可见, 只有观测数据和通量计算公式是不够的, 还需结合气象和海况条件进行深入研究.

9.3.2 惯性耗散法的测量原理

在进行实际出海观测时, 惯性耗散法被认为是涡相关方法的一个不错的替代方法 —— 原因在于它对平台晃动和气流扰动都不敏感. 持这一观点的有该方法的系统介绍者 Fairall & Larsen (1986), Edson et al. (1991) 和 Dardier et al. (2003) 以及该方法的使用者 Oost et al. (1994), Yelland et al. (1994), Donelan et al. (1999), Sjoblom & Smedman (2002, 2004), Bumke et al. (2002) 以及 Dupuis et al. (2003) 等人. 但是, 是否果真如此还有待进一步研究. 对于晃动情况下的观测, 其实惯性耗散法也存在理论缺陷. 这一方法是建立在空气湍流的局部各向同性假设之下的, 需要从风速频谱的惯性子区域上估计湍流耗散率, 还需要利用湍动能方程求解摩擦风速. 对于固定平台来说, 仪器所观测到的数据是关于某一个固定点的时间序列, 从统计意义上来讲它可以非常好地反映空气的湍流脉动. 但是对于晃动平台上的观测来说, 所观测到的时间序列不再隶属于同一个固定点, 它随着测点位置的变化而变化. 惯性耗散法的使用者们忽略了这一事实并简单地将平台晃动看成了通过固定测点的低频扰动. 但是事实上平台晃动对观测的影响远非这么简单.

不同于前面所介绍的通量公式, 惯性耗散法通常采用更为简单的表达式:

$$\tau = -\rho(\overline{u'w'}i + \overline{v'w'}j), \quad H = \rho C_\mathrm{p}\overline{w'\theta'}, \quad E = \rho L_\mathrm{e}\overline{w'q'}. \tag{9.3.1}$$

这里用空气的平均密度 ρ 取代前述精确密度换算表达式. C_p 和 L_e 分别是定压比热系数和潜热系数. 这里的感热通量 H 和潜热通量 E 其实就是前述 Q_s 和 Q_L 的另一种写法, 只不过这里只关注了感热的首项罢了.

涡相关方法是直接对上述表达式中的脉动量进行测量, 它不需要额外的假设. 但是惯性耗散法却需要 Monin-Obukhov 相似理论假设. 当把 u 方向看成顺风向并忽略横风向的动量通量时, 海表处的通量计算公式可以表述为 (用下标 "0" 表示):

$$\begin{cases} \tau_0 = -\rho\overline{u_0'w_0'} = \rho u_*^2, \\ H_0 = \rho C_\mathrm{p}\overline{w_0'\theta'} = -\rho C_\mathrm{p}u_*\theta_*, \\ E_0 = \rho L_\mathrm{e}\overline{w_0'q'} = -\rho L_\mathrm{e}u_*q_*. \end{cases} \tag{9.3.2}$$

这里的 u_*, θ_*, q_* 分别表示速度、温度和湿度的 Monin-Obukhov 尺度参数 [Fairall & Larsen (1986), Edson et al. (1991)]. 由上式可见, 只要知道了 u_*, θ_*, q_* 就能算出通量. 惯性耗散法是通过求解湍动能方程来得到这些量的. Lenschow et al.

(1980) 和 Fairall & Larsen (1986) 所用的是下述方程组:

$$\begin{cases} \dfrac{\partial \overline{e}}{\partial t} + \overline{u'w'}\dfrac{\partial \overline{u}}{\partial z} + \overline{v'w'}\dfrac{\partial \overline{v}}{\partial z} + \dfrac{\partial \overline{e'w'}}{\partial z} + \dfrac{1}{\rho}\dfrac{\partial \overline{p'w'}}{\partial z} - \dfrac{g}{T}\overline{\theta'_v w'} + \varepsilon = 0, \\[2mm] \dfrac{1}{2}\dfrac{\partial \overline{\theta'^2}}{\partial t} + \overline{\theta'w'}\dfrac{\partial \overline{\theta}}{\partial z} + \dfrac{1}{2}\dfrac{\partial \overline{\theta'^2 w'}}{\partial z} + N_\theta = 0, \\[2mm] \dfrac{1}{2}\dfrac{\partial \overline{q'^2}}{\partial t} + \overline{q'w'}\dfrac{\partial \overline{q}}{\partial z} + \dfrac{1}{2}\dfrac{\partial \overline{q'^2 w'}}{\partial z} + N_q = 0. \end{cases} \tag{9.3.3}$$

在这里 T 是特征温度, $\varepsilon, N_\theta, N_q$ 分别表示关于动量、热量和蒸发的湍流耗散率. 另外,

$$\begin{cases} \overline{e} = (\overline{u}^2 + \overline{v}^2 + \overline{w}^2)/2, \\[1mm] e' = (u'^2 + v'^2 + w'^2)/2, \\[1mm] \overline{\theta'_v w'} = \overline{\theta'w'} + 0.61T\,\overline{q'w'}. \end{cases} \tag{9.3.4}$$

在上述各方程中都忽略了源项和沉降项. 当然, 这里也采用了水平一致假设, 即忽略了 $\overline{e}, \overline{\theta'^2}, \overline{q'^2}$ 的水平对流效应. 为了求解上述方程通常还需要用到 Monin-Obukhov 稳定长度

$$L = -\frac{Tu_*^3}{\kappa g\overline{\theta'_v w'_0}} = -\frac{Tu_*^3}{\kappa g(\overline{\theta'w'_0} + 0.61T\overline{q'w'_0})}, \tag{9.3.5}$$

其中 κ 是 von Karman 常数, g 是重力加速度.

在定态情况下方程中的时间导数项也可以忽略. 由于在海表处进行直接观测存在实际困难, 通常都是用离开海表数米高处的观测值来代替. 在横风向的动量通量可以被忽略的情况下 (也就是 $\overline{v'w'} \approx 0$)[①], (9.3.3) 中的三个方程可以通过乘以 $\kappa z/(u_* x_*^2)$ (其中 x_* 代表 u_*, θ_* 或 q_*) 转化为如下标准形式:

$$\begin{cases} -\dfrac{\kappa z}{u_*}\dfrac{\partial \overline{u}}{\partial z} + \dfrac{\kappa z}{u_*^3}\dfrac{\partial \overline{e'w'}}{\partial z} + \dfrac{\kappa z}{\rho u_*^3}\dfrac{\partial \overline{p'w'}}{\partial z} + \dfrac{z}{L} + \dfrac{\kappa z}{u_*^3}\varepsilon = 0, \\[2mm] -\dfrac{\kappa z}{\theta_*}\dfrac{\partial \overline{\theta}}{\partial z} + \dfrac{\kappa z}{2u_*\theta_*^2}\dfrac{\partial \overline{\theta'^2 w'}}{\partial z} + \dfrac{\kappa z}{u_*\theta_*^2}N_\theta = 0, \\[2mm] -\dfrac{\kappa z}{q_*}\dfrac{\partial \overline{q}}{\partial z} + \dfrac{\kappa z}{2u_* q_*^2}\dfrac{\partial \overline{q'^2 w'}}{\partial z} + \dfrac{\kappa z}{u_* q_*^2}N_q = 0. \end{cases} \tag{9.3.6}$$

出于对问题简化的考虑, 通常还假设: 第一个方程中的第二项和第三项之和近似为零, 后两个方程中的第二项也可以被忽略. 在这样的假设下, 如果测得了 $\overline{u}, \overline{\theta}, \overline{q}$ 的垂向梯度, 而且耗散项 $\varepsilon, N_\theta, N_q$ 也能通过一定方式估计出来, 那么就可以通过上述方程求出 u_*, θ_* 和 q_* 进而求出各通量值.

---

①如果不这么理解则应要求 $\partial \overline{v}/\partial z \approx 0$ 以及 $u_*^2 = \overline{u'w'} + \overline{v'w'}$, 这会影响方程的转化.

由于方程组含有三个未知量, 通常采用的方法是将它们统一简写成同一个变量的形式. 这个变量就是稳定度参数 $\xi = z/L$. 需要说明的是, 当 $\xi > 0$ 时称大气边界层是稳定的, 当 $\xi < 0$ 时称为不稳定的, 当 $\xi \approx 0$ 时称为中性稳定的. 为了达到上述目的, 一般还需利用关于各向同性湍流的 Kolmogorov 变分谱 S_{xx} 在惯性子频域内估计各种耗散率.

$$S_{xx}(k) = \alpha_x \varepsilon^{-1/3} N_x k^{-5/3}, \tag{9.3.7}$$

这里的 k 是波数, α_x 是关于变量 x 的 Kolmogorov 常数. 其中的 N_u 其实就是 ε. 因此, 当获得现场观测资料后可以用其算出波数谱, 进而通过上式在惯性子区域内估计出 $\varepsilon, N_\theta, N_q$. 如此一来, 由方程组 (9.3.6) 可以导出只含 ξ 的方程:

$$\xi = \frac{z^{3/2} \kappa g \left(\sqrt{C_T^2 / f_\theta(\xi)} + 0.61T \sqrt{C_q^2 / f_q(\xi)} \right)}{T C_u^2 / f_u(\xi)}, \tag{9.3.8}$$

其中 C_x^2 是相应于变量 x 的结构函数 (关于位温的结构函数此时替换成了现场温度 T 的函数) , 它可以被表述成波数谱的形式:

$$C_x^2 = 4 S_{xx}(k) k^{5/3}, \tag{9.3.9}$$

或者高通滤波形式. 另外, f_x 是关于变量 x 的经验函数, 对此仁者见仁、智者见智. Fairall & Larsen (1986) 及其引文中采用的是如下表达式:

(1) 在稳定情况下 ($\xi > 0$):

$$\begin{cases} f_u(\xi) = 4.0(1 + 2.5 \xi^{2/3}), \\ f_\theta(\xi) = 4.9(1 + 2.4 \xi^{2/3}), \\ f_q(\xi) = 3.92(1 + 2.4 \xi^{2/3}). \end{cases} \tag{9.3.10}$$

(2) 在不稳定情况下 ($\xi < 0$):

$$\begin{cases} f_u(\xi) = 4.0(1 + 0.5|\xi|^{2/3}), \\ f_\theta(\xi) = 4.9(1 - 7\xi)^{-2/3}, \\ f_q(\xi) = 3.92(1 - 7\xi)^{-2/3}. \end{cases} \tag{9.3.11}$$

在获得了实测风速、温度和湿度脉动数据就可以利用它们频谱中的惯性耗散子区依照 (9.3.9) 式估计结构函数. 结合大气稳定性判别方法选取相应的经验函数再按照 (9.3.8) 式用迭代法求出 ξ, 进而由下式求得 Monin-Obukhov 尺度参数 u_*, θ_* 和 q_*:

$$x_* = \sqrt[2]{z} \sqrt{C_x^2 / f_x(\xi)}. \tag{9.3.12}$$

最后再由 (9.3.2) 计算通量. 为了计算方便还可将 (9.3.8) 式转化成下述形式来求解:

$$\xi/\xi_0 = F(\xi),$$

其中

$$\xi_0 = \frac{4z^{2/3}[(C_T^2)^{1/2} + 0.61T(0.8C_q^2)^{1/2}]}{\sqrt{5}TC_u^2},$$

$$F(\xi) = \begin{cases} (1 + 0.5|\xi|^{2/3})(1 - 7\xi)^{1/3}, & \xi < 0, \\ (1 + 2.5\xi^{2/3})(1 + 2.7\xi^{2/3})^{1/2}, & \xi > 0. \end{cases}$$

依据柯劳斯 (1979) 的论述, 由 Taylor 冻结湍流假设可知 (9.3.9) 中的顺流波数和频率之间存在如下关系:

$$k = \frac{\omega}{U} = \frac{2\pi}{U}f,$$

这里的 U 表示水平气流的平均速度. 据此可将变量 x 的顺流波数谱 $S_{xx}(k)$ 转化为频谱 $G_x(f)$. 所以要满足 $S_{xx}(k) \propto k^{-5/3}$ 只要 $G_x(f) \propto f^{-5/3}$. 从而结构函数可以用顺流频谱估计为

$$C_x^2 = 4\left(\frac{U}{2\pi}\right)^{5/3} G_x(f)f^{5/3}.$$

要满足 $G_x(f) \propto f^{-5/3}$ 只要乘积 $G_x(f)f^{5/3}$ 在惯性子频域内近似为常数即可. 在平均风速 U 一定的情况下, 对结构函数的估计直接取决于这一常数. 在这里风速分量 u 的频谱定义为

$$G_u(f) = \int_{-\infty}^{\infty} R(\delta)e^{-\omega\delta i}d\delta = 2\int_0^{\infty} R(\delta)\cos(\omega\delta)d\delta,$$

其中 $\omega = 2\pi f$ 且自相关函数 $R(\delta)$ 是按照风速脉动来定义的, 即

$$R(\delta) = \overline{u'(t)u'(t+\delta)} = \lim_{T\to\infty}\frac{1}{T}\int_{-T/2}^{T/2} u'(t)u'(t+\delta)dt.$$

总而言之, 除了需要做出许多假设之外上述推导还要涉及三个关键代换步骤:

第一步: 在公式 (9.3.2) 中将通量计算公式由涡相关形式替换为 Monin-Obukhov 参数形式;

第二步: 将方程 (9.3.3) 中的协方差项替换为 (9.3.6) 的 Monin-Obukhov 尺度形式;

第三步: 在公式 (9.3.9) 中将结构函数表达成惯性子区域上 Kolmogorov 变分谱 $S_{xx}(k)$ 的形式.

　　从理论上来讲, 上述三步转换对于平台固定情况下的通量观测来说是可行的, 但是对于晃动情况下的可靠性是值得怀疑的. 下面是我们的定性分析.

　　先来考察第一步转换. 正如后面 9.7 节所述, 晃动情况下的风速不再是关于固定点的时间序列, 它依赖于测点的变动轨迹, 也就是说风速分量应当具有下述形式:

$$\begin{cases} u = u(x(t), y(t), z(t), t), \\ v = v(x(t), y(t), z(t), t), \\ w = w(x(t), y(t), z(t), t), \end{cases} \tag{9.3.13}$$

其中 $(x(t), y(t), z(t))$ 为 t 时刻测点在地球坐标系下的位置. 由于风速在垂向上存在梯度, 测点的变动会带来均值的计算误差. 在这种情况下不宜直接按下式取平均:

$$\begin{cases} \overline{u}_c = \frac{1}{N} \sum_{k=1}^{N} u(x(t_k), y(t_k), z(t_k), t_k), \\ \overline{v}_c = \frac{1}{N} \sum_{k=1}^{N} v(x(t_k), y(t_k), z(t_k), t_k), \\ \overline{w}_c = \frac{1}{N} \sum_{k=1}^{N} w(x(t_k), y(t_k), z(t_k), t_k), \end{cases} \tag{9.3.14}$$

这里用下标 c 来表示通常所用公式 (在这种情况下可以用 9.7 节分层局部平均的办法来减小误差). 由于脉动量 $u' = u - \overline{u}$, $v' = v - \overline{v}$, $w' = w - \overline{w}$ 对平均值具有极强的依赖性, 均值计算得太粗糙会带来通量计算的较大误差, 从而公式 (9.3.1) 在晃动情况下的可靠性是值得怀疑的. 这直接影响了我们对于公式 (9.3.2) 的理解. 因此, 从定性上讲第一步转换是不可靠的.

　　下面我们来考察第二步转换. 依照协方差的原始定义, 以 $\overline{u'w'}$ 为例, 对于给定的一个固定位置 (x, y, z) 以及参考时刻 $\overline{t}$ 它的连续形式为 (用于理论推导):

$$\overline{u'(x,y,z,\overline{t})w'(x,y,z,\overline{t})} = \frac{1}{T_0} \int_{\overline{t}-T_0/2}^{\overline{t}+T_0/2} u'(x,y,z,t)w'(x,y,z,t)dt, \tag{9.3.15}$$

相应的离散形式为 (用于实际计算):

$$\overline{u'(x,y,z,\overline{t})w'(x,y,z,\overline{t})} = \frac{1}{N} \sum_{k=1}^{N} u'(x,y,z,t_k+\overline{t}-T_0/2)w'(x,y,z,t_k+\overline{t}-T_0/2).$$

在上述表达式中空间变量 x, y, z 通常会被忽略. 但是对于测点随时变动的情况, 它们都是时间的函数, 不能被简单忽略掉. 正如前面所说, 此时关于时间的简单平均是否可以用于反映通量情况还是个未知数.

方程组 (9.3.3) 是通过对原始的 Navier-Stokes 方程施行 (9.3.15) 那样的时间平均并去掉均值方程得到的. 这里默认的规则是空间位置变量 (x, y, z) 是相对固定的. 但是对于晃动情况, 其空间变量 $x(t), y(t), z(t)$ 指的是测点的变动位置而不是气流的真实运动, 不能简单地等同于固定情况对方程取时间平均. 所以第二步转换也存在理论缺陷.

最后来看第三步转换. 在这里谱的 –5/3 密率分布是该方法的理论基础. 对此我们曾做过实验调查 (王金良, 2008). 初步分析结果表明谱分布特征与晃动形式有关, 在一些情况下谱分布会偏离 –5/3 密率曲线. 在此需要说明的是, 这一研究尚不完善, 文中的频谱分析部分还有待改进.

9.4   观测仪器与架装要求

涡相关通量测量系统需要对湍流脉动进行直接测量, 所以仪器的采样频率得足够高而且数据采集器的响应也得足够快. 为此我们 863 课题选用了如下传感器: 英国 Gill 公司 HS-50 型超声风速仪; 美国 Campbell 公司 CS7500 型二氧化碳/水蒸气开路分析仪; 荷兰 Kipp & Zonen 公司 CNR-1 型四分量净辐射仪; 美国 Young 公司生产的 05103V 型常规风速风向仪、41382V 型常规温湿传感器、61202V 型大气压力传感器和加拿大的 TR-1050 型水温仪. 其中前两者是涡相关通量测量系统的主要组成部分. 为了实施对湍流脉动的直接测量, 该系统统一以 20Hz 采样输出. 各仪器的通量观测功能如下:

(1) 超声风速仪   可用于测量三维风速和风温. 由三维风速又可得平均风速和脉动风速, 从而可算动量通量. 由风温可换算成实际观测高度处的空气温度, 进而可由脉动风速和空气脉动温度算出感热通量.

(2) 二氧化碳/水蒸气开路分析仪   可用于测量二氧化碳浓度和水蒸气浓度. 由二氧化碳浓度结合超声风速仪所得脉动风速和大气压力传感器所得大气压力可以算出二氧化碳通量, 由水蒸气浓度和脉动风速可算出水蒸气通量, 又可由水蒸气浓度和超声风速仪所得脉动温度算出潜热通量.

(3) 四分量净辐射仪   可用于对来自天空和海面的长波辐射和短波辐射进行测量. 由此可算长波辐射通量和短波辐射通量, 进而结合由超声风速仪和二氧化碳/水蒸气开路分析仪算出的感热通量和潜热通量获得完整的海 – 气热通量.

(4) 常规风速风向仪、常规温湿传感器和常规气压计   用于风速、空气温度、空气湿度和大气压强的比测校正.

(5) 水温仪   用于海表温度测量. 尽管涡相关方法计算通量不需要, 但是可用于块体公式计算, 便于比测研究.

通量测量系统主要由超声风速仪和二氧化碳/水蒸气开路分析仪组成, 下面介绍它们对环境的适应性与架装要求.

HS-50 型超声风速仪主要性能指标: 采样频率 50Hz; 测量范围 0—45m/s; 精度 0.01m/s. 测量原理: 测南北方向风速时, 它是利用超声波脉冲在南北两个感应器间的传播时间差获得的, 同样可得别的方向的风速. 仪器的环境适应能力: 相比于传统的测风仪器, 超声风速仪无活动部件, 具有响应快 (20Hz 以上)、灵敏度高 (可测 1cm/s 的弱风)、量程宽 (1cm/s—30m/s)、输出线性等优点. 近 30 年的海洋与大气测量实践表明, 超声风速仪在自然条件恶劣的野外环境中能够克服各种干扰, 可长期、稳定、可靠地工作. 但是, 当其传感器头部有雨、露、霜、雪存在时会影响超声的传播而产生误差. 当遭遇冰霜或冻雨时三维超生风速仪可能会因其超声通路的堵塞而停止工作 (Munger & Loescher, 2005).

在安装时超声风速仪要尽量保持水平以减少风向的不确定性与大旋转角所带来的误差. 当超声风速仪发生运动时需要借助电子罗盘等位置传感器进行校正.

CS7500 二氧化碳/水蒸气测量仪 (也就是 Licor 公司生产的 LI7500). 主要性能指标: 采样频率 20Hz; CO_2: 测量范围 0—3000mmol, 精度 0.1 mmol; H_2O: 测量范围 0—60mmol, 精度 0.03mmol. 此仪器由控制箱和分析传感器两部分组成, 它可以在 -25°C 至 +50°C 的温度范围内正常工作. 密封的控制箱使电子元器件处于一个不受天气影响的环境中. 它容许 RS-232 和 DAC 输出、模拟输入以及同步测量设备 (如超声风速仪) 与之相连接. 简单的 Windows 操作软件可以使用户非常容易地设置数据的输出模式和校正方式. 此分析器能对海面上处于湍流状态的空气进行快速、准确的现场测量并获得二氧化碳和水蒸气的浓度变化. 可与超声风速仪所得风速数据相结合由涡相关方法计算海 – 气界面上的 CO_2 通量和水蒸气通量. 连接在控制箱上的是 LI7500 传感器头部, 符合空气动力学的围栏覆盖了分析器的光学部分、红外光源和探测器. 原理: LI7500 是一台绝对的气体分析仪, 意味着气体通过分析器头部开放的路径时, CO_2 和 H_2O 的绝对浓度通过光源 (传感器头部的下部叶室) 和探测器 (传感器头部的上部叶室) 之间吸收红外辐射的差异而得到.

需要注意的是, 装配时要将传感器的头部与竖直方向成 10° 至 15° 角, 以免在有暴风雨时水滴存留在传感器的小窗上. LI7500 优点是响应快速, 但是当其小窗结冰或被打湿时可能会停止工作. 在经常发生突发状况或发生热通量很大的地方是不适用的. 需要将热通量的因素纳入到 CO_2 和水蒸气通量的计算时, 会增加很多的不确定性. 产品声明: **LI-COR Biosciences 公司不承诺能在移动平台上使用**. 由此可见, 我们在晃动载体上使用该仪器本身就存在问题. 但是目前没有更好的仪器可供使用, 这也是无奈之举. 就我们的项目而言, 考虑到在中高海况条件下波浪水滴喷射剧烈, 为减少其影响最好将通量观测的关键仪器 HS-50 超声风速仪和 CS7500 二氧化碳/水蒸气开路分析仪布放在浮标桅杆顶端 6m 处. 放在最高处的另一原因是减少浮标体对气流的扰动, 从而降低 HS-50 对气流湍动的测量误差. 将常规风速风向仪、常规温湿传感器放在同一高度处是为了对 HS-50 所测风速、风向、温度以及 CS7500 所测水汽湿度进行校对. 大气压力传感器用于常规气压测量, 以满足涡相关方法计算通量所需气压要求. 安装时将 HS-50 自身所带 1m 横竿固在桅杆顶端的 6m 高处, 使其探头上、下圆球垂向正对, 并将横竿正对锚系一侧. 这样做的理由是, 在风浪和表层流的作用下, 浮标体会被推移和转向并使得系留锚链正对风向, 将 HS-50 正对这一侧一方面可以减少桅杆和其他支架对气流的扰动所造成的风速测量误差, 另一方面可以减小风阻以免其受损. 将 CS7500 的传感器头部安装在 HS-50 探头的后下方小于 0.3m 处, 一方面可以避免 CS7500 的传感器对气流的扰动所造成的风速测量误差, 另一方面可以保证二者观测时同步相关. 安装时还要使 CS7500 的传感器头部与水平方向成 10° 至 15° 夹角 (一般要小于 45°), 以减少雨滴和露水对探头底部观测窗的影响. 将常规风速风向仪安装在桅杆的顶端, 而常规温湿传感器和大气压力传感器都固着在 6m 附近的桅杆上. 图 9.2 给出了我们的浮标工程样机仪器架装全图.

图 9.2 浮标通量观测仪器架装全图

9.5　定点观测的傅里叶谱方法非湍滤波研究

该部分内容选自我们于 2009 年发表在《海洋科学》上的论文. 观测海 – 气界面处的动量、热量和水汽通量是认识海 – 气相互作用的重要手段. 观测平台分为固定平台 (岸基铁塔、石油平台等) 和移动平台 (观测船、浮标等). 涡相关方法是基于固定平台观测提出来的, 直接用于移动平台情况可能会带来较大误差, 这主要是由于平台晃动和气流扰动影响了风速的仪器观测值 [Anctil et al. (1994), Edson et al. (1998)]. 即使在移动平台运行平稳的情况下, 仪器所获取的风速信号里仍然会有气流扰动的非湍流成分. 通常人们会忽略这一点并认为去掉平均风速后的余量就是能够传递各种通量的湍流脉动成分, 进而直接由涡相关计算公式得出通量. 例如加拿大 Campbell Scientific 公司 2008 年为通量观测系统 (由 CSAT3 超声风速仪和 CS7500 (即 LI7500) 型二氧化碳/水蒸气开路分析仪组成) 所开发的通量计算软件 EdiRE 就是如此. 但是从我们的观测数据来看, 风速信号里的非湍流成分是不容忽视的. 滤波的关键是要找到合适的截断频率. 对此我们借助惯性耗散法 (Fairall & Larsen, 1986) 的思想, 用谱方法来解决这一问题.

此处以动量通量为例来说明资料处理方法. 为了计算动量通量需要将超声风速仪获取的三个风速分量换算成地球坐标系下的顺风向、横风向和垂向的风速分量 u, v, w, 进而去掉均值 $\bar{u}, \bar{v}, \bar{w}$ 和由气流扰动等造成的非湍流脉动成分 $\tilde{u}, \tilde{v}, \tilde{w}$ 并从中分离出湍流脉动分量 u', v', w', 即

$$\begin{cases} u' = u - \bar{u} - \tilde{u}, \\ v' = v - \bar{v} - \tilde{v}, \\ w' = w - \bar{w} - \tilde{w}. \end{cases} \tag{9.5.1}$$

再由涡相关计算公式获得动量通量:

$$\tau = -\rho(\overline{u'w'}i + \overline{u'w'}j) = -\rho \left(\frac{1}{T} \sum_{k=1}^{N} u'_k w'_k i + \frac{1}{T} \sum_{k=1}^{N} v'_k w'_k j \right), \tag{9.5.2}$$

其中 ρ 为空气密度, i 和 j 分别代表顺风向和横风向的单位向量, $N = T \times f$, 在这里 T 是观测时段而 f 是仪器的采样频率. 估算动量通量也常采用如下经验公式 [文圣常和余宙文 (1984)]:

$$\tau = \rho C_{10} U_{10}^2, \tag{9.5.3}$$

其中 U_{10} 和 C_{10} 分别为海平面以上 10m 高处的平均风速和相应的拖曳系数.

数据资料来源于我们于 2007 年 12 月 30 日至 2008 年 1 月 8 日在八大峡码头锚定的 "科学一号" 考察船上 (坐标 $36°3'4.40''$N, $120°18'11.67''$E) 进行的通量观测实验 (见图 9.3). 所用仪器有: HS-50 超声风速仪、LI7500 二氧化碳/水蒸气

开路分析仪、CNR-1 型四分量净辐射仪、81000V 超声风速仪和一套 Young 系列常规气象站. 此时 HS-50 高出水面 8.8m. 通量测量系统统一以 $f = 20\mathrm{Hz}$ 采样. 由于船体锚定, 仪器晃动轻微, 从而可以将该实验视为固定平台观测情况.

图 9.3   实验仪器架装图

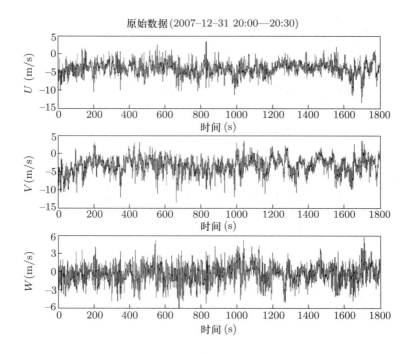

图 9.4   HS-50 超声风速仪所测原始风速数据

针对 2007 年 12 月 31 日 20:00—20:30 所测半小时原始数据 (见图 9.4), 其

资料处理过程如下:

第一步: 由于在实际安装超声风速仪时很难确保它处于垂直状态, 因而仪器的垂向与大地坐标系的垂向总有一定偏角, 所以在数据的后处理中风速的旋转校正是必不可少的. 考虑到在大气底边界层内垂向平均风速和横向平均风速都接近于零, 所以通常 (见 LI-COR 网站) 将原始风速 (U, V, W) 依照下式旋转为大地坐标系下的真实风速 (u, v, w):

$$\begin{cases} u = (U\cos\gamma + V\sin\gamma)\cos\beta + W\sin\beta, \\ v = V\cos\gamma - U\sin\gamma, \\ w = -(U\cos\gamma + V\sin\gamma)\sin\beta + W\cos\beta. \end{cases} \tag{9.5.4}$$

这样的旋转可以保证平均风速 $\bar{v} = \bar{w} = 0$ 并使得 $\bar{u} = \sqrt{\overline{U}^2 + \overline{V}^2 + \overline{W}^2}$ 的方向即为平均风速方向 (顺风方向), 其中偏角满足

$$\tan\beta = \frac{\overline{W}}{\sqrt{\overline{U}^2 + \overline{V}^2}}, \quad \tan\gamma = \frac{\overline{V}}{\overline{U}}.$$

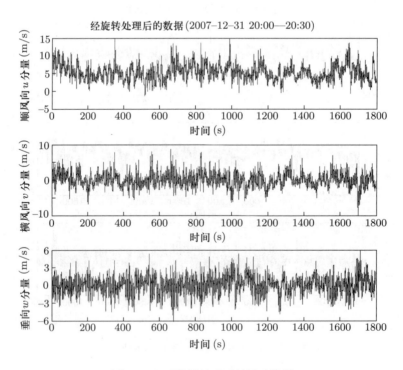

图 9.5　经过旋转处理后的风速数据

第二步: 算出平均风速 $\bar{u} = 4.61\text{m/s}$, 此即海平面以上 8.8m 高处的平均风速. 进而在图 9.5 中的第一子图中去除平均风速即得顺风向脉动风速 $u' + \tilde{u}$. 有鉴于 $\bar{v} = \bar{w} = 0$, 图 9.5 中的第二、三子图即为脉动量 $v' + \tilde{v}$ 和 $w' + \tilde{w}$. 从图中可以看出脉动量的辐值和平均风速值相当, 这其实主要是由非湍流成分引起的. 一般地, 湍流脉动量比均值要小.

第三步: 依照惯性耗散法的思想对脉动量 $u' + \tilde{u}, v' + \tilde{v}$ 和 $w' + \tilde{w}$ 作快速傅里叶变换 (FFT) 得能量自谱 $S = \text{FFT}(u' + \tilde{u}) \times \text{FFT}^*(u' + \tilde{u})$ (其中 "*" 表示取共轭复数), 据此确定湍流和非湍流信号的截断频率. 由于在湍流惯性耗散子区域内能谱近似满足 $f^{-5/3}$ 密率, 它在对数坐标系下表现为一条斜率为 –5/3 的直线, 因此从图 9.6 关于 $u' + \tilde{u}$ 和 $w' + \tilde{w}$ 的能量自谱来看 (关于 $v' + \tilde{v}$ 的自谱有同样变化, 省略) 它们共同的湍流惯性耗散频域的左端点大约在 0.35Hz 处, 这与 Anderson (1993) 关于大气底边界层内的湍流惯性耗散频域在 0.35Hz 至 2.5Hz 之间的论述是相符合的. 这里的最大频率即为仪器的采样频率 20Hz. 从图中可以看出, 高频部分的能谱也近似满足直线分布. 这说明高频中的非湍流信号非常小 (主要由仪器自身的高频振动引起), 可以被忽略.

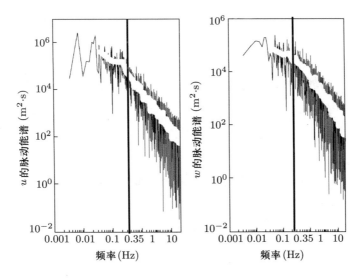

图 9.6 顺风向和垂向脉动风速能量自谱, 中间白线为 20 点的平滑曲线

第四步: 根据湍流惯性耗散频域的截断频率 0.35Hz 滤除低频高能非湍流成分 $\tilde{u}$ 和 $\tilde{w}$, 再通过傅里叶逆变换 (IFFT) 获得湍流脉动风速 u' 和 w'. 滤波前后的对比情况见图 9.7. 从图中可以看出滤波后风速脉动辐值有了明显降低且变得更为规整.

从前面的分析可知, 8.8m 高处的平均风速为 $\bar{u} = 4.61\text{m/s}$. 此时可参照文圣

常和余宙文 (1984) 关于大气底边界层内的风速剖面经验公式

$$\overline{U}_{8.8} = \overline{U}_{10} \left[1 + \frac{C_{10}^{1/2}}{\kappa} \ln\left(\frac{8.8}{10}\right) \right], \tag{9.5.5}$$

并将 Karman 常数和拖曳系数分别取为 $\kappa = 0.4$ 和 $C_{10} = 0.0024$ 算出标准风速 $U_{10} = 4.69\text{m/s}$. 取空气密度为 $\rho = 1.3\text{kg/m}^3$ 则由公式 (9.5.3) 可算出总动量通量的经验值 $\tau_0 = 0.068\text{kg} \cdot \text{m}^{-1} \cdot \text{s}^2$.

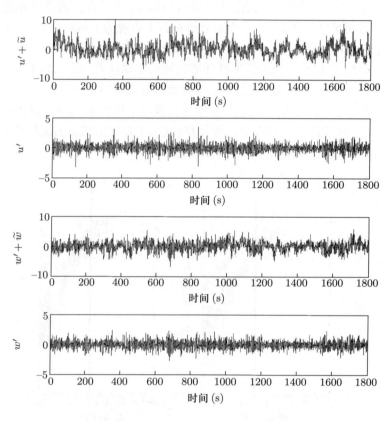

图 9.7　滤波前后的顺风向和垂向的脉动风速对比情况

就顺风向 (i 方向) 的动量通量而言, 如果按通常的处理方式 (如上述 EdiRE 程序软件) 直接将 $u - \overline{u} = u' + \tilde{u}$ 和 $w - \overline{w} = w' + \tilde{w}$ 看成湍流脉动量 u' 和 w' 代入公式 (9.5.2) 得到的结果会比经验值大得多. 同样横风向 (j 方向) 的通量值也比经验值大得多. 将经过上述处理后的湍流脉动量 u' 和 w' (见图 9.7) 代入公式 (9.5.2) 可算出顺风向动量, 同样可得横风向通量, 进而可由 $\tau = \sqrt{\tau_{uw}^2 + \tau_{vw}^2}$ 算出总通量. 由于后来发现算法程序有误 (鉴于采样频率为 20Hz, 原通量值都应除以 20 才行), 原文的结果已不足采信. 修正后得到的纯湍流通量值比经验值会小一些. 此处还涉及截断频率的可靠性讨论, 尚待进一步研究.

目前的海 – 气通量观测多采用高精度快速响应的仪器对风速、温度、水蒸气等特征量进行直接测量. 而各种通量值主要依据大气底边界层内物理量的湍流扩散特性由涡相关计算公式获得. 在各种通量的计算中最为关键的因子是湍流脉动风速. 通常 (如通量算法软件 EdiRE) 认为去除平均风速后所剩余的就是湍流脉动风速, 其实并非如此, 其中往往含有由气流扰动等造成的非湍流信号. 从实测风速数据来看, 由通常方式算出的动量通量比由经验公式所得会大得多. 由此可见, 风速脉动中的非湍流信号是不容忽视的. 此处借用惯性耗散法的思想依据湍流在其惯性耗散子区域内满足 −5/3 密率的特性发展了一种滤除非湍流信号的技术. 其优点是直接、快速; 其缺点是对截断频率很敏感, 可靠度不高. 再者, 滑动平均的辅助处理也会影响截断频率进而造成通量计算误差.

9.6 浮标体观测位置的旋转校正研究

采用直接的涡相关方法进行观测必然涉及 "运动补偿校正" 问题. 对于实际浮标测量, 工程安装中虽能保证电子罗盘等浮标姿态测量系统与风速仪之间的刚性连接, 但难以明确给出它们之间的相对位置关系. 特别地, 在岸上需要首先将仪器在倾斜的浮标上架装好, 再用船拖曳至目标地释放浮标让其处于竖直状态, 然后将浮标锚定并启动观测系统. 在浮标随波起伏和倾斜过程中, 我们希望借助由姿态测量系统获取的运动速度来校正风速仪测得的风速, 这一校正过程是相当复杂的. **基本认识: 系统偏转角不能直接用于罗盘观测值的加减运算, 而必须应用转移矩阵来表示.** 只有当风速仪局部坐标架与罗盘坐标架各对应分量完全平行时, 才能用罗盘坐标架相对于地球坐标架的转换来校正风速. 而当两者存在较大的系统安装偏差时需要修正校正公式. 此时用到的应当是风速仪局部坐标架到地球坐标架的转换.

初步分析得知, 关于通量晃动校正问题的位置关系涉及五个坐标系之间的转换, 它们是:

(1) 地球坐标系 (地理东向、地理北向、垂向), 以电子罗盘所在位置为原点, 用 $(\overline{X}, \overline{Y}, \overline{Z})$ 表示;

(2) 固定在浮标上的坐标系 (浮标垂向放置时重合于地球坐标系, 晃动时随浮标一起旋转), 以电子罗盘所在位置为原点, 用 (x, y, z) 表示;

(3) 罗盘坐标系 (输出旋转角的参考坐标系), 以电子罗盘所在位置为原点, 用 (X, Y, Z) 表示;

(4) 风速仪的局部坐标系 (输出三维风速的参考坐标系), 以风速仪测点 (三

对探头通路的交点) 所在位置为原点, 用 (x^*, y^*, z^*) 表示;

(5) 另一台辅助罗盘所在位置的局部坐标系, 以 CSAT3 探头支架处为坐标原点, 用 (x_0, y_0, z_0) 表示.

如图 9.8 所示, 关于 X 的旋转为横滚角 (以右手螺旋定义符号, X 指向船头时左舷升起为正), 关于 Y 的旋转为俯仰角 (以右手螺旋定义符号, 船头升起为正), 关于 Z 的旋转为方位角 (以左手螺旋定义符号, X 指向正北为 $0°$, 指向正东为 $90°$).

图 9.8　电子罗盘的安装面

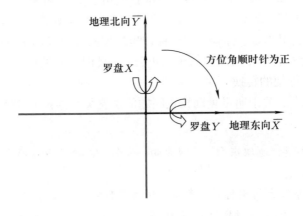

图 9.9　罗盘坐标系与地球坐标系之间的关系

当电子罗盘的方位方向 (X 轴) 指向地理正北向 (即 $\overline{Y}$ 轴) 且正安装面与地面平行时, 如图 9.9 所示, 电子罗盘的方位角读数为 $0°$, 其 Y 轴指向地理东向

(即 $\overline{X}$ 轴) 对应方位角 90°. 而在地球坐标系 $(\overline{X}, \overline{Y}, \overline{Z})$ 下我们以 $\overline{X}$ 轴为参考船艏向, 因而在计算方位角时应当在电子罗盘读数的基础上加 90°. 同时, 关于 $\overline{Y}$ 轴旋转的俯仰角应当等于关于罗盘 X 轴右旋的横滚角, 关于 $\overline{X}$ 轴旋转的横滚角应当等于关于罗盘 Y 轴右旋的俯仰角. 考虑到坐标旋转以右旋为正, 所以在地球坐标系 $(\overline{X}, \overline{Y}, \overline{Z})$ 下方位角 (compass) Ψ, 俯仰角 (pitch) Θ, 横滚角 (roll) Φ 与罗盘观测到的方位角 ψ, 俯仰角 θ, 横滚角 ϕ 之间的关系为

$$(\Psi, \Theta, \Phi) = (-(\psi + 90), \phi, \theta). \tag{9.6.1}$$

由于电子罗盘在安装时难以保证其正安装面水平, 所以存在系统安装偏差, 设浮标静止竖立于海面时其读数为 $(0, \theta_c, \phi_c)$, 则它关于地球坐标系的安装偏差为

$$(\Psi_c, \Theta_c, \Phi_c) = (0, \phi_c, \theta_c). \tag{9.6.2}$$

在浮标竖直静止放置时, 固定于浮标上的以电子罗盘所在位置为圆心的坐标架 (x, y, z) 等同于地球固定坐标架 $(\overline{X}, \overline{Y}, \overline{Z})$ (但是当浮标晃动时坐标架 (x, y, z) 跟着发生旋转运动), 其 y 轴平行于罗盘 X 轴即正北向. 此时电子罗盘会存在安装偏差, 读数 $(0, \theta_c, \phi_c) \neq (0, 0, 0)$. 但是当电子罗盘的仪器安装误差很小可以忽略不计时, 可认为它的盒面与桅杆是垂直的, 在我们的水池试验中系统偏差 $(0, \theta_c, \phi_c)$ 很小, 可以忽略. 下面直接用 (9.6.1) 推导. 相对于通常的以右手法则建立的固定于浮标上的坐标系 (x, y, z) 来说 (本状态可认为是由地球固定坐标架 $(\overline{X}, \overline{Y}, \overline{Z})$ 旋转之后得到的), 罗盘 X 正向对应于 y 轴正向, Y 正向对应于 x 轴正向, 罗盘 Z 向与 z 向都指向上.

图 9.10   浮标架装全图

　　依照图 9.10 中的相对位置关系, 按运动测量系统盒中电子罗盘的方位坐标, 可将 CSAT3 超声风速仪的架装位置关系表述在下述几何图形中.

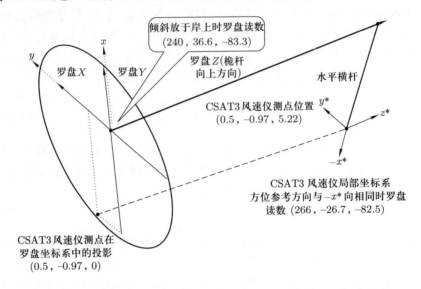

图 9.11　第一次海试 CSAT3 超声风速仪在罗盘坐标系下的位置关系

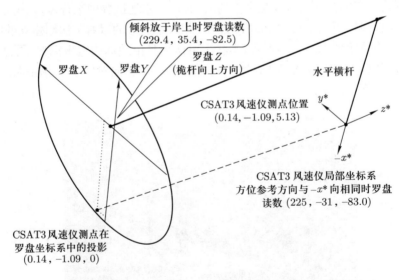

图 9.12　第二次海试 CSAT3 超声风速仪在罗盘坐标系下的位置关系

　　下面以第一次海试的位置关系图 9.11 来说明. CSAT3 风速仪测点在罗盘坐标系下的位置坐标 (X, Y, Z)=(0.5, –0.97, 5.22) 换算成浮标固定坐标系下坐标为 (x, y, z) = (X, Y, Z)=(–0.97, 0.5, 5.22). 当浮标倾斜放于岸上时电子罗盘于盒中

读数为 (240, 36.6, –83.3). 依照公式 (9.6.1) 可将其表示成浮标固定坐标架 (x, y, z) 相对于地球坐标架 $(\overline{X}, \overline{Y}, \overline{Z})$ 的旋转:

$$(\Psi, \Theta, \Phi) = (-(\psi + 90), \phi, \theta) = (-330, -83.3, 36.6). \tag{9.6.3}$$

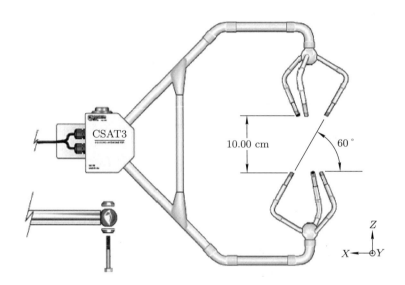

图 9.13 CSAT3 超声风速仪的坐标系统及其架装支架

图 9.14 CSAT3 超声风速仪与测量罗盘之间的位置关系

CSAT3 超声风速仪的局部坐标系也是右手系, (x^*, y^*, z^*) 对应输出风速 (u, v, w) 是最终需要校正的量. 横杆指向 $-x^*$ 方向. CSAT3 风速仪测点处以 $-x^*$

向为另一台测量罗盘方位 X_0 方向时罗盘读数 $(\psi_0, \theta_0, \phi_0) = (226, -26.7, -82.5)$, 相当于将测点处平行于运动测量系统盒内的罗盘坐标架 (X, Y, Z) 经过了旋转, 得到了新的坐标架 (X_0, Y_0, Z_0) 的旋转读数. 设罗盘坐标架 (X_0, Y_0, Z_0) 所对应的右手坐标架为 $(x_0, y_0, z_0) = (X_0, Y_0, Z_0)$, 则该右手坐标架相对于地球坐标架 $(\overline{X}, \overline{Y}, \overline{Z})$ 的旋转为

$$(\Psi_0, \Theta_0, \Phi_0) = (-(\psi_0 + 90), \phi_0, \theta_0) = (-316, -82.5, -26.7). \tag{9.6.4}$$

另外, 测量罗盘所对应的右手坐标架 (x_0, y_0, z_0) 与超声风速仪局部坐标架 (x^*, y^*, z^*) 之间存在如下关系: $z^*//Z_0, y^*//x_0, -x^*//y_0$. 记 i, j, k 分别为坐标架的三个单位向量, 则根据图 9.15, 向量 $x^* i^* = -y_0 j_0, y^* j^* = x_0 i_0, z^* k^* = z_0 k_0$, 即

$$\begin{pmatrix} x^* \\ y^* \\ z^* \end{pmatrix} = \begin{pmatrix} -y_0 \\ x_0 \\ z_0 \end{pmatrix} = \begin{pmatrix} 0 & -1 & 0 \\ 1 & 0 & 0 \\ 0 & 0 & 1 \end{pmatrix} \begin{pmatrix} x_0 \\ y_0 \\ z_0 \end{pmatrix} \triangleq T_0^* \begin{pmatrix} x_0 \\ y_0 \\ z_0 \end{pmatrix}. \tag{9.6.5}$$

图 9.15　CSAT3 超声风速仪局部坐标架与辅助罗盘坐标架之间的关系 (z 轴都指向外)

设风速仪局部坐标架 (x^*, y^*, z^*) 相对于地球坐标架 $(\overline{X}, \overline{Y}, \overline{Z})$ 的旋转角为 $(\Psi^*, \Theta^*, \Phi^*)$, 则

$$\begin{pmatrix} x^* \\ y^* \\ z^* \end{pmatrix} = T^*(\Phi^*, \Theta^*, \Psi^*) \begin{pmatrix} \overline{X} \\ \overline{Y} \\ \overline{Z} \end{pmatrix}, \tag{9.6.6}$$

其中

$$T(\Phi^*, \Theta^*, \Psi^*) = A(\Psi^*) A(\Theta^*) A(\Phi^*)$$
$$= \begin{pmatrix} \cos\Psi^* & -\sin\Psi^* & 0 \\ \sin\Psi^* & \cos\Psi^* & 0 \\ 0 & 0 & 1 \end{pmatrix} \begin{pmatrix} \cos\Theta^* & 0 & \sin\Theta^* \\ 0 & 1 & 0 \\ -\sin\Theta^* & 0 & \cos\Theta^* \end{pmatrix} \begin{pmatrix} 1 & 0 & 0 \\ 0 & \cos\Phi^* & -\sin\Phi^* \\ 0 & \sin\Phi^* & \cos\Phi^* \end{pmatrix}$$

$$= \begin{pmatrix} \cos\Theta^* \cos\Psi^* & \sin\Phi^* \sin\Theta^* \cos\Psi^* - \cos\Phi^* \sin\Psi^* & \cos\Phi^* \sin\Theta^* \cos\Psi^* + \sin\Phi^* \sin\Psi^* \\ \cos\Theta^* \sin\Psi^* & \sin\Phi^* \sin\Theta^* \sin\Psi^* + \cos\Phi^* \cos\Psi^* & \cos\Phi^* \sin\Theta^* \sin\Psi^* - \sin\Phi^* \cos\Psi^* \\ -\sin\Theta^* & \sin\Phi^* \cos\Theta^* & \cos\Phi^* \cos\Theta^* \end{pmatrix},$$
$$(9.6.7)$$

从而由 (9.6.5) 和 (9.6.6) 得

$$T_0^* \begin{pmatrix} x_0 \\ y_0 \\ z_0 \end{pmatrix} = \begin{pmatrix} x^* \\ y^* \\ z^* \end{pmatrix} = T^* \begin{pmatrix} \overline{X} \\ \overline{Y} \\ \overline{Z} \end{pmatrix}, \qquad (9.6.8)$$

而已知

$$\begin{pmatrix} x_0 \\ y_0 \\ z_0 \end{pmatrix} = T_0(\Phi_0, \Theta_0, \Psi_0) \begin{pmatrix} \overline{X} \\ \overline{Y} \\ \overline{Z} \end{pmatrix},$$

所以联合上两式应有

$$T_0^* T_0 \begin{pmatrix} \overline{X} \\ \overline{Y} \\ \overline{Z} \end{pmatrix} = T_0^* \begin{pmatrix} x_0 \\ y_0 \\ z_0 \end{pmatrix} = T^* \begin{pmatrix} \overline{X} \\ \overline{Y} \\ \overline{Z} \end{pmatrix}. \qquad (9.6.9)$$

由于是关于向量在正交坐标架中的分解, $\overline{X}, \overline{Y}, \overline{Z}$ 分别对应于单位向量 $\vec{i}, \vec{j}, \vec{k}$, 所以方程两侧各分解坐标应当一样, 从而有 $T^* = T_0^* T_0$, 进而由 (9.6.6) 式得

$$\begin{pmatrix} x^* \\ y^* \\ z^* \end{pmatrix} = T_0^* T_0 \begin{pmatrix} \overline{X} \\ \overline{Y} \\ \overline{Z} \end{pmatrix}. \qquad (9.6.10)$$

进一步根据岸上运动测量系统盒内电子罗盘的读数 $(\Psi_c, \Theta_c, \Phi_c)$ 得

$$\begin{pmatrix} x \\ y \\ z \end{pmatrix} = T_{c0}(\Phi_c, \Theta_c, \Psi_c) \begin{pmatrix} \overline{X} \\ \overline{Y} \\ \overline{Z} \end{pmatrix} \triangleq T_{c0} \begin{pmatrix} \overline{X} \\ \overline{Y} \\ \overline{Z} \end{pmatrix} = T_{c0}(T_0^* T_0)^{-1} \begin{pmatrix} x^* \\ y^* \\ z^* \end{pmatrix},$$

反过来,

$$\begin{pmatrix} x^* \\ y^* \\ z^* \end{pmatrix} = T_0^* T_0 T_{c0}^{-1} \begin{pmatrix} x \\ y \\ z \end{pmatrix}. \qquad (9.6.11)$$

由于风速仪局部坐标架 (x^*, y^*, z^*) 与浮标固定坐标架 (x, y, z) 之间是刚性连结的, 它们之间的转移矩阵 $T_0^* T_0 T_{c0}^{-1}$ 不随时间变化.

考虑到在晃动情况下浮标固定坐标架 (x, y, z) 随时间变化, 它相对于地球坐标架 $(\overline{X}, \overline{Y}, \overline{Z})$ 发生旋转时成立如下关系:

$$
\begin{pmatrix} x(t) \\ y(t) \\ z(t) \end{pmatrix} = T(\Phi(t), \Theta(t), \Psi(t)) \begin{pmatrix} \overline{X} \\ \overline{Y} \\ \overline{Z} \end{pmatrix} \triangleq T(t) \begin{pmatrix} \overline{X} \\ \overline{Y} \\ \overline{Z} \end{pmatrix}.
\tag{9.6.12}
$$

联合 (9.6.11) 与 (9.6.12) 得

$$
\begin{pmatrix} x^* \\ y^* \\ z^* \end{pmatrix} = T_0^* T_0 T_{c0}^{-1} \begin{pmatrix} x \\ y \\ z \end{pmatrix} = T_0^* T_0 T_{c0}^{-1} T(t) \begin{pmatrix} \overline{X} \\ \overline{Y} \\ \overline{Z} \end{pmatrix},
\tag{9.6.13}
$$

此即风速仪局部坐标架 (x^*, y^*, z^*) 相对于地球坐标架 $(\overline{X}, \overline{Y}, \overline{Z})$ 的旋转关系. 其中

$$
T_0^* = \begin{pmatrix} 0 & -1 & 0 \\ 1 & 0 & 0 \\ 0 & 0 & 1 \end{pmatrix},
\tag{9.6.14}
$$

转移矩阵 $T_0, T_{c0}, T(t)$ 都具有 (9.6.7) 的形式, 只不过它们分别是关于岸上位于风速仪横杆的测量罗盘读数换算的 Φ_0, Θ_0, Ψ_0, 岸上位于运动测量系统盒内罗盘读数换算的 Φ_c, Θ_c, Ψ_c 和 t 时刻由罗盘读数换算的 $\Phi(t), \Theta(t), \Psi(t)$.

下面做一个应用算例. CSAT3 风速仪于浮标固定坐标系下的坐标为 $(x, y, z) = (-0.97, 0.5, 5.22)$. 对于第一次海试而言,

$$
\widetilde{T} \triangleq T_0^* T_0 T_{c0}^{-1} = \begin{pmatrix} 0.7827 & -0.6085 & -0.1307 \\ 0.6113 & 0.7911 & -0.0219 \\ 0.1167 & -0.0627 & 0.9912 \end{pmatrix},
$$

这相当于发生了旋转 $(\widetilde{\Psi}, \widetilde{\Theta}, \widetilde{\Phi}) = (37.9909°, -6.7005°, -3.6219°)$. 事实上, 参考 (9.6.7) 式, 可由 $-\sin\widetilde{\Theta} = a_{31} = 0.1167$ 解出 $\widetilde{\Theta} = -6.7005°$, 进而再根据 $\sin\widetilde{\Phi}\cos\widetilde{\Theta} = a_{32} = -0.0627$ 解得 $\widetilde{\Phi} = -3.6219°$. 最后根据

$$
\begin{cases} \cos\widetilde{\Theta}\cos\widetilde{\Psi} = a_{11} = 0.7827, \\ \cos\Theta^*\sin\Psi^* = a_{21} = 0.6113 \end{cases}
$$

算出 $\widetilde{\Psi} = 37.9909°$. 从公式 (9.6.13) 可以看出, 风速仪局部坐标架 (x^*, y^*, z^*) 到地球坐标架 $(\overline{X}, \overline{Y}, \overline{Z})$ 的转移矩阵为 $\widetilde{T}T(t)$. 接下来可直接利用该公式依照 Edson et al. (1998) 及 Anctil et al. (1994) 的做法进行风速校正了.

由于我们针对的是锚系浮标系统, 浮标的水平运动对于风速观测的影响可以忽略不计. 风速校正公式可表述为

$$\vec{U}_{\text{true}} = T\,\vec{U}_{\text{obs}} + T(\vec{\Omega}_{\text{obs}} \times \vec{R}) + T\int(\vec{a}_{\text{obs}} + \vec{g})dt, \tag{9.6.15}$$

其中 T 是罗盘坐标架 (X, Y, Z) 相对于地球坐标架 $(\overline{X}, \overline{Y}, \overline{Z})$ 的转移矩阵, $\vec{R}$ 是风速仪测点位置在浮标固定坐标系中的坐标. $\vec{U}_{\text{obs}}, \vec{\Omega}_{\text{obs}}, \vec{a}_{\text{obs}}$ 分别是观测到的风速、旋转角速度和加速度. 列向量 $\vec{g} = (0, 0, -g)^T$ 表示重力加速度.

只有当风速仪局部坐标架 (x^*, y^*, z^*) 与罗盘坐标架 (X, Y, Z) 完全平行时, 才能用罗盘坐标架 (X, Y, Z) 相对于地球坐标架 $(\overline{X}, \overline{Y}, \overline{Z})$ 的转换来校正风速. 而当两者存在较大的系统安装偏差时需要修正上述公式. 此时用到的应当是风速仪局部坐标架 (x^*, y^*, z^*) 到地球坐标架 $(\overline{X}, \overline{Y}, \overline{Z})$ 的转换. 依照前述论证, 此时的转移矩阵 T 应该改为 $\widetilde{T}T(t)$. 从而可将公式 (9.6.15) 修正为

$$\begin{aligned}
\vec{U}_{\text{true}} &= \widetilde{T}T(t)\,\vec{U}_{\text{obs}} + \widetilde{T}T(t)(\vec{\Omega}_{\text{obs}} \times \vec{R}) + \widetilde{T}T(t)\int(\vec{a}_{\text{obs}} + \vec{g})dt \\
&= \widetilde{T}T(t)\left[\vec{U}_{\text{obs}} + \vec{\Omega}_{\text{obs}} \times \vec{R} + \int(\vec{a}_{\text{obs}} + \vec{g})dt\right],
\end{aligned} \tag{9.6.16}$$

即

$$\begin{aligned}
\begin{pmatrix} u_{\text{true}} \\ v_{\text{true}} \\ w_{\text{true}} \end{pmatrix} &= \widetilde{T}T(\Phi, \Theta, \Psi)\left[\begin{pmatrix} u_{\text{obs}} \\ v_{\text{obs}} \\ w_{\text{obs}} \end{pmatrix} + \begin{pmatrix} \dot{\Phi}_{\text{obs}} \\ \dot{\Theta}_{\text{obs}} \\ \dot{\Psi}_{\text{obs}} \end{pmatrix} \times \begin{pmatrix} u_0^* \\ v_0^* \\ w_0^* \end{pmatrix}\right. \\
&\quad \left. + \int\left(\begin{pmatrix} a_x \\ a_y \\ a_z \end{pmatrix} + \begin{pmatrix} 0 \\ 0 \\ -g \end{pmatrix}\right)dt\right] \\
&= \widetilde{T}T(\theta, \phi, -(\psi + 90°))\left[\begin{pmatrix} u_{\text{obs}} \\ v_{\text{obs}} \\ w_{\text{obs}} \end{pmatrix} + \begin{pmatrix} \dot{\theta}_{\text{obs}} \\ \dot{\phi}_{\text{obs}} \\ -\dot{\psi}_{\text{obs}} \end{pmatrix}\right. \\
&\quad \left. \times \begin{pmatrix} u_0^* \\ v_0^* \\ w_0^* \end{pmatrix} + \int\begin{pmatrix} a_x \\ a_y \\ a_z - g \end{pmatrix}dt\right],
\end{aligned} \tag{9.6.17}$$

接下来即可依据此公式校正观测风速. 如果有需要, 可依据 Edson et al. (1998) 介绍的方法将加速度进行高通滤波处理.

9.7　晃动误差校正研究

本部分选自我们于 2011 年发表在《海洋科学》上的论文. 通常在处理晃动平台上获取的海 – 气通量观测数据时, 往往只对风速进行运动补偿校正后就直接采用涡相关方法计算通量. 但是, 由于观测变量的均值在垂向上存在浓度梯度, 单纯的运动补偿校正并不能完全消除平台晃动造成的影响. 特别地, 当垂向浓度梯度较大而且在风浪作用下风速仪测点在垂向上发生大幅度变化时所计算的通量值可能会有很大误差. 本节从刻画风速仪测点的运动轨迹入手, 以分层平均消除垂向均值差异的办法建立了新的通量误差校正公式. 该公式适用于处理海上运动平台所获取的通量观测数据. 数值结果显示在中高海况下由平台晃动引起的通量观测误差是不容忽视的.

由于多数海上观测是通过船或浮标等运动平台来进行的, 因此在使用涡相关方法进行通量计算时运动补偿校正是必需的. Anctil et al. (1994), Edson et al. (1998) 和门雅彬 (2004) 等都曾对浮标观测和船基观测的运动补偿校正方法进行了研究. 这些校正都需要位置传感器 (电子罗盘、角速度传感器、加速度传感器和差分 GPS 等) 来记录平台的运动状态 (如水平移动、旋转、俯仰和摇摆等). 以动量通量为例, 在海 – 气界面上动量通量通常来源于风应力, 其计算公式为

$$\tau = -\rho(\overline{u'w'}i + \overline{v'w'}j), \tag{9.7.1}$$

其中 ρ 为空气密度, u' 和 v' 为水平风速脉动, w' 为垂向风速脉动. i 和 j 分别代表两个水平速度方向. 一般观测中的平均时间取为 30 分钟. 因此, 在计算海 – 气界面通量时, 我们需要从真实海面风向量 $V_{\text{true}} = (u, v, w)$ 中分离出湍流脉动风速 $V' = (u', v', w')$. 具体的分离技术请参考 9.5 节. 以浮标平台观测为例, 现场风速数据是利用安于浮标桅杆上的超声风速仪获得的, 它是浮标坐标系下的相对风速值. 为了得到海 – 气湍流通量, 必须利用浮标的运动姿态数据对相对风速进行校正, 以得到地球坐标系下的绝对风速.

建立如图 9.16 所示的坐标系: (x, y, z) 表示运动测量系统控件箱处相对于地球的固定坐标系, (x', y', z') 表示跟随浮标运动的相对坐标系, θ, φ, ψ 分别表示浮标的俯仰、横滚和偏航角 (可由电子罗盘测得). 依照 Anctil et al. (1994) 和 Edson et al. (1998) 的表述, 相对坐标系与绝对坐标系转换关系如下:

$$\begin{pmatrix} x \\ y \\ z \end{pmatrix} = A \begin{pmatrix} x' \\ y' \\ z' \end{pmatrix}, \tag{9.7.2}$$

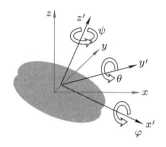

图 9.16   浮标坐标系相对于固定坐标系的旋转关系示意图

其转移矩阵的形式为

$$
A = \begin{pmatrix}
\cos\theta\cos\psi & \sin\varphi\sin\theta\cos\psi - \cos\varphi\sin\psi & \cos\varphi\sin\theta\cos\psi + \sin\varphi\sin\psi \\
\cos\theta\sin\psi & \sin\varphi\sin\theta\sin\psi + \cos\varphi\cos\psi & \cos\varphi\sin\theta\sin\psi - \sin\varphi\cos\psi \\
-\sin\theta & \sin\varphi\cos\theta & \cos\varphi\cos\theta
\end{pmatrix}.
$$

$$(9.7.3)$$

浮标旋转角速度向量即为

$$
\vec{\Omega} = \begin{pmatrix}
-\dot{\theta}\sin\psi + \dot{\varphi}\cos\theta\cos\psi \\
\dot{\theta}\cos\psi + \dot{\varphi}\cos\theta\sin\psi \\
\psi - \dot{\varphi}\sin\theta
\end{pmatrix}.
$$

另设 $\vec{V}_{\mathrm{mot}}$ 是浮标相对于海面的移动速度向量, 它可由安装于浮标上的加速度传感器测得浮标加速度 (包括运动方向上的加速度向量 $\vec{a}$ 和重力加速度 $\vec{g} = (0,0,g)^{\mathrm{T}}$, 此处上标 "T" 表示转置), 然后积分, 并减去浮标相对于水的平均速度 V_{plat} 得到, 即:

$$
\vec{V}_{\mathrm{mot}} = A \int (\vec{a} + \vec{g})dt - \vec{V}_{\mathrm{plat}}.
$$

设 $\vec{V}_{\mathrm{obs}}$ 为超声风速仪的测量值, $\vec{B} = (x_0', y_0', z_0')^{\mathrm{T}}$ 为风速仪相对于浮标的位置向量. 则相应于 (9.6.15) 风速测量数据相对于地球坐标系的修正结果为

$$
\vec{V}_{\mathrm{true}} = A\vec{V}_{\mathrm{obs}} + \vec{\Omega} \times A\vec{B} + A\int (\vec{a} + \vec{g})dt - \vec{V}_{\mathrm{plat}}. \tag{9.7.4}
$$

以上就是研究者们常用的运动补偿校正公式. 利用此公式可以将晃动平台上超声风速仪测得的风速数据校正为真实风速, 这是非常必要的. 在此我们指出, 在此校正过程中无需知道平台的具体重心位置, 只要运动测量系统控件箱与风速仪之间是刚性连接即可.

但是正如 Mahrt et al. (2005) 所指出的那样, 这种校正并不能完全解决晃动对涡相关方法计算通量的影响. 其实该校正的默认假设是: **风速仪的测点 (三个**

观测通路的交点) 在大地坐标系中是不变的, 平台的运动只是使得仪器相对于该测点作了旋转运动. 只有在这样的假设下, 才适用上述的校正. 但是这种假设是不实际的, 因为实际海上的观测状况是海浪的存在导致平台上下、左右、前后不停地晃动. 如此一来, 测点的位置就在不断地变化, 而这种变化会影响速度脉动的求取. 特别是当存在比较大的上下运动起伏时, 由于平均风速在垂向上存在差异, 平台的上下起伏晃动必然会影响采集到的风速值, 进而影响脉动风速并最终影响通量.

对于某个观测变量 ϕ (如风速分量 u、超声温度 t_s、湿度 q 或二氧化碳浓度 c) 来说, 要发生海 − 气通量其均值 $\overline{\phi}$ 必然存在垂向梯度, 即 $\partial\overline{\phi}/\partial z \neq 0$, Mahrt et al. (2005) 据此推导出如下的误差公式:

$$\overline{w'(z,t)\phi'(z,t)} - \overline{w'(Z,t)\phi'(Z,t)} = \overline{w'(Z,t)z'}\frac{\partial\overline{\phi}}{\partial z}, \tag{9.7.5}$$

此处 Z 为测点的参考高度, $z(t)$ 为晃动过程中测点的瞬时位置, $z'(t) = z(t) - Z$. 此处垂向脉动风速和 ϕ 的脉动量满足:

$$\begin{cases} w'(z,t) = w(z,t) - \overline{w(z,t)}, \phi'(z,t) = \phi(z,t) - \overline{\phi(z,t)}, \\ w'(Z,t) = w(Z,t) - \overline{w(Z)}, \phi'(Z,t) = \phi(Z,t) - \overline{\phi(Z)}. \end{cases}$$

在此我们指出, 其实公式 (9.7.5) 用到了 $\overline{\phi}(z)$ 在 Z 处 Taylor 展开式的一阶近似:

$$\overline{\phi}(z) \equiv \overline{\phi}(Z + z') = \overline{\phi}(Z) + z'\frac{d\overline{\phi}(Z)}{dz} + \frac{(z')^2}{2}\frac{d^2\overline{\phi}(Z)}{dz^2} + \cdots,$$

当然这要求垂向脉动位移 z' 很小. 此外, 公式 (9.7.5) 要成立还得要求均值 $\overline{w'(z,t)} = \overline{w'(Z,t)} = 0$, 而这并非显然, 毕竟 $w'(z,t)$ 依赖于不断变动的垂向位置 $z(t)$. 下面我们从测点空间位置变化的角度来重新研究这一问题.

1. 平台晃动模型

为了清楚地阐述平台晃动与风速观测之间的关系, 我们先考虑一个简单例子: 在一个球形浮标上只有一台超声风速仪 (如 Gill 公司生产的 R3-50 型) 架装在桅杆顶端而且保证其测点位于桅杆正上方. 先考虑一种简单情况, 那就是在地球坐标系下浮标体在晃动中保持其重心位置不变.

设浮标体的重心刚好位于水面上, 我们取其为坐标原点 O, 则地球坐标系可以如此建立: x 轴指向正东方, y 轴指向正北方, z 轴指向正上方. 设观测点 P 离浮标重心的距离为 h, 则在此坐标系下未曾发生晃动时风速仪测点的坐标为 P(0,0,h). 相应于此固定坐标系还有一个以测点 P 为原点且跟随其移动的局部坐标系. 当风速仪开始工作后, 它输出的是局部坐标系下的风速值. 随着浮标体的前后左右晃动, 测点 P 的位置连同相应的局部坐标系一起变化. 在固定坐标系下, 为了区分固定点 $(0,0,h)$ 和随时变化的测点 P 我们将变化了的测点记为 $P^*(x^*,y^*,z^*)$. 记 T 为通量测量的观测周期 (通常取为 30min), 则在此周期内应当存在桅杆的最大偏角, 设其为 α, 则如图 9.17 所示, 测点的轨迹全部落在球冠 O_1 上.

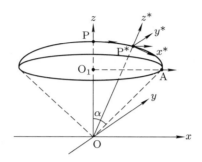

图 9.17　地球坐标系中的测点轨迹示意图

　　由于局部坐标跟随测点位置变化, 所测得的风速不是真实风速, 所以需要将其转化为固定坐标系下的真实风速. 为了与通常所用位置传感器的偏角定义方法一致, 在这里我们借用船体旋转的描述方法来说明. 定义初始 $t=0$ 时刻浮标的首向向东 (也就是 x 方向), 左舷向北 (也就是 y 方向). 俯仰角 θ 当首向向下为正, 横滚角 φ 当右舷向下为正, 偏航角 ψ 当从上往下看时逆时针方向为正. 事实上, 以 P^* 为原点的局部坐标系与以 O 为原点的固定坐标系的旋转是一样的. 此时两个坐标系的转移矩阵即为前述矩阵 A. 这里 θ,φ,ψ 都是时间的函数, 它们满足 $-\pi/2 \leqslant \theta,\varphi \leqslant \pi/2, 0 \leqslant \psi < 2\pi$ 和初始条件 $\theta(0)=\varphi(0)=\psi(0)=0$. 事实上, 最大偏角也可以表示为

$$\alpha = \operatorname*{Max}_{0 \leqslant t \leqslant T}\{|\theta(t)|,|\varphi(t)|\},$$

因此, 局部坐标和固定坐标之间满足如下关系:

$$\begin{pmatrix} x(t) \\ y(t) \\ z(t) \end{pmatrix} = A(t)\left[\begin{pmatrix} x^*(t) \\ y^*(t) \\ z^*(t) \end{pmatrix} + \begin{pmatrix} 0 \\ 0 \\ h \end{pmatrix}\right], \tag{9.7.6}$$

其中 $(x(t),y(t),z(t))$ 和 $(x^*(t),y^*(t),z^*(t))$ 分别为 t 时刻某测点位置在固定坐标系和局部坐标系中的坐标. 特别地, 观测点 P^* 的运动轨迹可以由下式确定:

$$\begin{pmatrix} x(t) \\ y(t) \\ z(t) \end{pmatrix} = A(t)\begin{pmatrix} 0 \\ 0 \\ h \end{pmatrix}, \tag{9.7.7}$$

此时垂向坐标满足

$$z(t) = h \cos\varphi(t) \cos\theta(t). \qquad (9.7.8)$$

所测得的风速 $U^* = (u^*, v^*, w^*)$ 可以通过下式转化为固定坐标系下的真实风速:

$$U = AU^* + \Omega \times AB.$$

在此我们要指出的是: **固定坐标系下的真实风速 U 是通过上述变换由局部坐标系下测得的风速 U^* 得到的, 它依赖于变化着的测点位置 $\mathrm{P}^*(x^*, y^*, z^*)$ 而不是像通常所认为的只隶属于固定测点 $\mathrm{P}(0, 0, h)$.** 所以对于运动平台来讲, 所得到的真实风速不再只是时间的函数, 它还依赖于变化的测点位置. 从而 U 的三个分量应当具有下述形式:

$$\begin{cases} u = u(x(t), y(t), z(t), t), \\ v = v(x(t), y(t), z(t), t), \\ w = w(x(t), y(t), z(t), t). \end{cases} \qquad (9.7.9)$$

在后面的讨论中我们总是默认风速为校正过的固定坐标系下的真实风速, 而不再使用局部坐标. 另外, 对于温度、水汽、二氧化碳浓度等标量值是不需要作旋转校正的.

当考虑波浪所导致的浮标体上下起伏时, 设浮标体的重心刚好位于水面上且浮标体具有良好的随波性. 当重心位置刚好位于平均海平面时, 选其为固定坐标系的原点 O. 固定坐标系如前一节那样定义. 则此时测点轨迹不仅会受晃动偏角的影响, 还受垂向起伏的影响. 变化后的重心和测点分别记为 O^* 和 P^*, 重心至测点的距离为 $\mathrm{OP} = h$, 则固定坐标、局部坐标和测点轨迹都如图 9.18 所示.

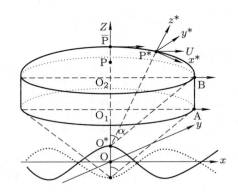

图 9.18　波浪影响下地球坐标系中的测点轨迹示意图

此时设自由表面方程为 $z = \xi(x, y, t)$, 则变化后的重心 O^* 在固定坐标系下的坐

标为 $(0, 0, \xi(t))$, 这里 $\xi(t)$ 为 $\xi(0, 0, t)$ 的简单记法. 此时测点轨线满足

$$
\begin{pmatrix} x(t) \\ y(t) \\ z(t) \end{pmatrix} = A(t) \begin{pmatrix} 0 \\ 0 \\ h \end{pmatrix} + \begin{pmatrix} 0 \\ 0 \\ \xi(t) \end{pmatrix}. \tag{9.7.10}
$$

特别地, 此时的垂向坐标变成

$$
z(t) = h \cos \varphi(t) \cos \theta(t) + \xi(t). \tag{9.7.11}
$$

2. 分层平均法

在实际应用中观测数据总是离散的. 设仪器的采样频率为 f, 则在一个观测周期 T 内, 去掉初始值 (由于存在仪器响应时间, 最初一个数据不可信) 单变量观测数据的总数即为 $N = T \times f$. 当观测点固定在 P$(0, 0, h)$ 时观测变量 ϕ 只是时间的函数且其时间序列能够较好地反映湍流扩散情况. 这时其均值为

$$
\overline{\phi} = \frac{1}{N} \sum_{k=1}^{N} \phi(t_k). \tag{9.7.12}
$$

但是在仪器的测点随着平台晃动而不停地改变时这一公式就不再适用了. 事实上, 在这种情况下风速的各分量都与测点位置有关. 对于晃动平台上所测得的数据, 通常的研究者们在计算通量时总是含糊地默认了下述平均公式:

$$
\overline{\phi} = \frac{1}{N} \sum_{k=1}^{N} \phi(x(t_k), y(t_k), z(t_k), t_k) \tag{9.7.13}
$$

而且会将其当成是固定点 P$(0, 0, h)$ 处的均值. 很显然, 这种处理是缺少理论根据的, 而且由于垂向梯度的存在, 特别是垂向浓度梯度很大时, 这种计算可能会造成比较大的通量计算误差. 就平均表达式本身而言就缺少说服力, 因为测点的位置 $(x(t_k), y(t_k), z(t_k))$ 会随着平台的不规则晃动而不断变化, 即便是这种晃动可以通过运动测量系统记录下来也不成. 从统计角度来看, 可以对同一固定点上所测得的时间序列作时间平均; 也可以对同一固定时刻上所测得的不同空间分布作空间平均; 但是对于上述情况, 测点位置随时间作无规则变化, 但还不是充分的随机运动, 所以简单地作时间平均是不合适的. 据我们所知也没有人论证过这样做的可行性.

在考察海 – 气交换时, 一般认为水平方向上观测变量不存在梯度或梯度非常小, 而梯度只发生在垂直方向上, 于是可以用单个点的通量观测值来大概表征一个区域上的海 – 气交换情况. 这是一个基本假设, 否则将违背 "稳定性要求" 导致涡相关方法的失效. 由于垂向梯度的存在, 不同高度处的平均值是不同的,

所以 $\overline{\phi}$ 应当随高度 $\widetilde{z}$ (固定坐标系中不随时间变化的高度) 变化. 而如果不考虑垂向变化简单地求平均, 这将导致所计算的脉动值含有非湍流成分而使幅值偏大. 严格来讲, 考虑到平台的无规则晃动和测点的快速变动, 即使由一组低频采样的常规观测仪器来测量这一平均值也未必可信. 因而, 一个可行的途径是利用这些高频数据, 通过分层求平均滤除垂向梯度的办法来减少脉动计算误差. 具体步骤如下:

第一步: 依照关系式 (9.7.11) 利用运动测量数据找出相邻采样间的最大垂向间隔:

$$\sigma = \text{Max}\{|z(t_{k+1}) - z(t_k)|, 1 \leqslant k \leqslant N\}.$$

然后找出测点轨迹所经历的最低点和最高点并将它们之间的间隔按 σ 划分为 $m+1$ 层. 各小层的端点分别记为 $\widetilde{z}_0, \widetilde{z}_1, \cdots, \widetilde{z}_m, \widetilde{z}_{m+1}$, 其中前 $m+1$ 个点间距都为 σ, 最后一个点间距 $\widetilde{z}_{m+1} - \widetilde{z}_m < \sigma$. 这种剖分可以保证在以各界点 $\sigma/2$ 为中心的邻域内至少含有一个采样. 按这样剖分, 第 1 层指区间 $I_1 = [\widetilde{z}_0, \widetilde{z}_0 + \sigma/2)$, 第 2 层指区间 $I_2 = [\widetilde{z}_1, \widetilde{z}_1 + \sigma/2), \cdots\cdots$, 第 m 层指区间 $I_m = [\widetilde{z}_{m-1}, \widetilde{z}_m - \sigma/2)$, 第 $m+1$ 层指区间 $I_m = [\widetilde{z}_m - \sigma/2, \widetilde{z}_{m+1}]$.

第二步: 对于第 i 层 $(1 \leqslant i \leqslant m+1)$ 来说, 收集所有满足 $z(t_k) \in I_i$ 的采样并将其测量值取平均, 则可得 $\phi(x(t), y(t), z(t), t)$ 在高度 $\widetilde{z}_i$ 处的局部均值 $\overline{\phi}_i$. 设在一个观测周期 T 内, 落在第 i 层的采样数为 n_i, 则

$$\overline{\phi}_i = \frac{1}{n_i} \sum_{k=1}^{n_i} \phi(x(t_k), y(t_k), z(t_k), t_k), z(t_k) \in I_i. \tag{9.7.14}$$

第三步: 利用得到的局部均值可以定义离散形式的垂向均值剖面:

$$\widetilde{\phi}(\widetilde{z}_i) = \overline{\phi}_i.$$

当然, 为了考察连续问题也可以将其定义为由这些函数值所拟合的连续曲线.

3. 新通量公式

按照上述办法所定义的均值由于考虑到了垂向不同分布情况脉动量的计算误差会减少. 但是由于湍流脉动量时时处处都在变化, 要想在测点变动情况下仍能用一个观测周期内的有限采样来反映通量大小就不得不接受如下两个假设:

假设 I: 在同一高度平面上, 几乎不存在水平梯度, 只要观测周期足够长垂向风速 w 和除了垂向风速之外的任何变量 ϕ 的脉动部分 w' 和 ϕ' 在协方差意义下几乎不依赖于水平位置的变化.

假设 II: 在同一水平位置的不同高度处, 湍涡的尺度变化不大, 只要观测周期足够长垂向风速 w 和除了垂向风速之外的任何变量 ϕ 的脉动部分 w' 和 ϕ' 在协方差意义下几乎不随高度变化.

当然这两个假设针对的是晃动情况下的通量计算问题, 对于固定情况不需要. 我们希望借助这两个假设建立晃动情况和固定情况下通量公式间的关系. 首先要计算测点的统计平均高度:

$$Z = \frac{1}{N}\sum_{k=1}^{N}[h\cos\varphi(t_k)\cos\theta(t_k) + \xi(t_k)]. \tag{9.7.15}$$

其次, 在假设 I 成立的条件下水平参考坐标可以自由选取, 分别记为 $x = X$ 和 $y = Y$. 相对于固定点 (X, Y, Z) 来说, 由协方差的原始定义应当有:

$$\overline{w'(X,Y,Z,t_k)\phi'(X,Y,Z,t_k)} = \frac{1}{N}\sum_{k=1}^{N}w'(X,Y,Z,t_k)\phi'(X,Y,Z,t_k),$$

其中

$$\begin{cases} w'(X,Y,Z,t_k) = w(X,Y,Z,t_k) - \dfrac{1}{N}\sum\limits_{r=1}^{N}w(X,Y,Z,t_r), \\ \phi'(X,Y,Z,t_k) = \phi(X,Y,Z,t_k) - \dfrac{1}{N}\sum\limits_{r=1}^{N}\phi(X,Y,Z,t_r). \end{cases}$$

但是对于晃动情况, 测点位置在变, 上述公式不再适用, 这时我们应用 (9.7.14) 那样的平均公式来计算. 在第 i 层上对于 $z(t_k) \in I_i$ 其局部均值和脉动量为

$$\begin{cases} w'(x(t_k),y(t_k),z(t_k),t_k) = w(x(t_k),y(t_k),z(t_k),t_k) - \overline{w}_i, \\ \phi'(x(t_k),y(t_k),z(t_k),t_k) = \phi(x(t_k),y(t_k),z(t_k),t_k) - \overline{\phi}_i. \end{cases} \tag{9.7.16}$$

其中 n_i 是落在第 i 层的采样数且所有的采样数满足 $n_1 + n_2 + \cdots + n_{m+1} = N$. 从而由假设 II 知只要观测周期足够长 ($N$ 充分大),

$$\frac{1}{N}\sum_{k=1}^{N}w'(x(t_k),y(t_k),z(t_k),t_k)\phi'(x(t_k),y(t_k),z(t_k),t_k)$$
$$\approx \frac{1}{N}\sum_{k=1}^{N}w'(x(t_k),y(t_k),Z,t_k)\phi'(x(t_k),y(t_k),Z,t_k).$$

进一步由假设 I 得

$$\frac{1}{N}\sum_{k=1}^{N}w'(x(t_k),y(t_k),Z,t_k)\phi'(x(t_k),y(t_k),Z,t_k)$$
$$\approx \frac{1}{N}\sum_{k=1}^{N}w'(X,Y,Z,t_k)\phi'(X,Y,Z,t_k).$$

所以联合上两式可得

$$\overline{w'(x(t_k), y(t_k), z(t_k), t_k)\phi'(x(t_k), y(t_k), z(t_k), t_k)}$$

$$= \frac{1}{N} \sum_{i=1}^{m+1} \sum_{k=1}^{n_i} [w(x(t_k), y(t_k), z(t_k), t_k) - \overline{w}_i] \cdot [\phi(x(t_k), y(t_k), z(t_k), t_k) - \overline{\phi}_i]$$

$$\approx \frac{1}{N} \sum_{k=1}^{N} [w(X, Y, Z, t_k) - \overline{w}][\phi(X, Y, Z, t_k) - \overline{\phi}]$$

$$= \overline{w'(X, Y, Z, t_k)\phi'(X, Y, Z, t_k)}. \tag{9.7.17}$$

这一关系表明在前述两个基本假设下, 只要观测周期足够长, 晃动平台上的通量观测值就非常接近于固定平台上的. 于是涡相关方法对于晃动情况基本可用且通量计算公式中的协方差就是

$$\overline{w'\phi'} = \frac{1}{N} \sum_{i=1}^{m+1} \sum_{k=1}^{n_i} [w(x(t_k), y(t_k), z(t_k), t_k) - \overline{w}_i] \cdot [\phi(x(t_k), y(t_k), z(t_k), t_k) - \overline{\phi}_i], \tag{9.7.18}$$

其中 n_i 是落在第 i 层的采样数且所有的采样数满足 $n_1 + n_2 + \cdots + n_{m+1} = N$. 此公式便于实际应用, 只要将局部坐标系中直接观测到的风速利用前述坐标变换方法换算成真实风速就可以计算通量了.

4. 误差校正公式

前面得到的通量计算公式 (9.7.18) 由于考虑到了平台晃动引起的垂向均值的变化, 相对于通常所用公式 (当成固定情况处理) 应当更为合理一些. 它们之间的差别可以认为是使用通常计算公式所带来的误差. 用下标 "C" 来表示常用公式中的变量, 则类比于固定平台情况其计算公式为

$$\overline{w'_C\phi'_C} = \frac{1}{N} \sum_{k=1}^{N} [w(x(t_k), y(t_k), z(t_k), t_k) - \overline{w}_C] \cdot [\phi(x(t_k), y(t_k), z(t_k), t_k) - \overline{\phi}_C], \tag{9.7.19}$$

其中

$$\overline{w}_C = \frac{1}{N} \sum_{k=1}^{N} w(x(t_k), y(t_k), z(t_k), t_k), \quad \overline{\phi}_C = \frac{1}{N} \sum_{k=1}^{N} \phi(x(t_k), y(t_k), z(t_k), t_k).$$

很显然, 这种平均没有考虑垂向浓度梯度的影响, 相比于我们较为精细的通量计算公式来说必然存在误差. 由 (9.7.18) 式与 (9.7.19) 式得

$$\overline{w'_C\phi'_C} - \overline{w'\phi'} = \frac{1}{N} \sum_{i=1}^{m+1} \sum_{k=1}^{n_i} [(w - \overline{w}_i)(\overline{\phi}_i - \overline{\phi}_C) + (\overline{w}_i - \overline{w}_C)(\phi - \overline{\phi}_C)]. \tag{9.7.20}$$

这一差别可以看成是应用通常公式所带来的误差. 以动量通量为例, 对照公式 (9.7.1) 以 τ_C 和 τ^* 分别表示通常公式和新导出公式所算出的通量值, 则前者相对于后者的误差为

$$\tau_C - \tau^* = -\rho[(\overline{u'_C w'_C} - \overline{u'w'})i + (\overline{v'_C w'_C} - \overline{v'w'})j]$$

$$= -\frac{\rho}{N} \sum_{i=1}^{m+1} \sum_{k=1}^{n_i} [(w - \overline{w_i})(\overline{u_i} - \overline{u_C}) + (\overline{w_i} - \overline{w_C})(u - \overline{u_C})]i$$

$$- \frac{\rho}{N} \sum_{i=1}^{m+1} \sum_{k=1}^{n_i} [(w - \overline{w_i})(\overline{v_i} - \overline{v_C}) + (\overline{w_i} - \overline{w_C})(v - \overline{v_C})]j. \quad (9.7.21)$$

所以在计算晃动情况下的动量通量时, 除了直接应用 (9.7.18) 式之外, 还可以用通常的公式 (9.7.19) 来计算, 只不过还需要减掉上述校正误差. 相比于 Mahrt et al. (2005) 的误差校正公式来说, 此处所导出的公式可以直接应用观测数据进行计算, 不受垂向位移脉动为小量的限制.

5. 数值实验

考虑到利用实测资料直接检验文中提出的晃动误差校正有效性的困难所在, 我们采用实测湍流脉动风速叠加经验平均风速的办法来做. 先不考虑桅杆摇摆晃动, 只考虑风速仪测点随波浪起伏作上、下晃动的情况. 此时垂向位移满足 $z(t_k) = h + \xi(t_k)$, 其中桅杆高度取为 $h = 10\text{m}$, 波浪 $\xi(t_k)$ 采用 P-M 谱以叠加波的方式进行模拟, 其 3min 片段见图 9.19.

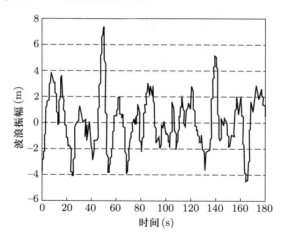

图 9.19　在平均风速 $U_{10}=30\text{m/s}$ 时以 P-M 谱将 30 个带有随机相位的余弦波叠加成的波浪

平均风速由下述经验公式给出 [文圣常和余宙文 (1984)]:

$$U(z(t_k)) = U_{10}\left(1 + \frac{C_D^{1/2}}{\kappa} \ln \frac{z(t_k)}{10}\right),$$

其中 $\kappa = 0.4$ 是 Karman 常数, C_D 是拖曳系数, 可由 10m 高处风速 U_{10} 表示为

$$C_D = 0.00104 + 0.0015 \left[1 + \exp\left(\frac{1.25 - U_{10}}{1.56} \right) \right]^{-1}.$$

另外, 湍流脉动风速我们采用 2007 年 12 月 30 日在八大峡码头获取的固定观测数据处理得到. 依照前一节的处理办法, 通过能谱可以找到高通滤波截断频率 $f = 0.2967$Hz. 由此得到的湍流脉动风速见图 9.20.

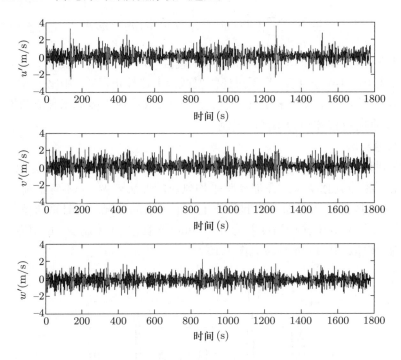

图 9.20　湍流脉动风速

直接由图 9.20 中的三个风速分量 u', v', w' 算出的动量可以认为是最理想的分层平均意义下的动量 τ^*. 有鉴于平均高度选在了 10m 高处, 通常通量公式为

$$\tau_C = -\frac{\rho}{n} \left(\sum_{k=1}^{n} [U(z(t_k)) + u'(t_k) - U_{10}]w'(t_k)i + \sum_{k=1}^{n} v'(t_k)w'(t_k)j \right).$$

它相对于 τ^* 的相对误差以及 Mahrt et al. (2005) 给出的绝对误差相对于 τ^* 的相对误差统一画在了图 9.21 中. 由于模拟波浪所用各个余弦波具有随机的相位, 每一次给出的结果都不一样, 因此我们共做了 100 次数值实验. 就实验结果来讲, 对于 $U_{10} = 30$m/s 情况, 相对于我们导出的分层平均通量公式来说通常公式有时会高估 120%, 平均来看大约会高估 26%, 这主要是由风速仪垂向起伏晃动

导致平均风速增强顺风脉动所致. 而 Mahrt 的误差公式给出的相对误差却要高得多, 有时竟能高估或低估 170%, 平均来看误差大约为 ±64%, 这远远高于他们所认为的晃动误差 <10% 的结论. 尽管在 $U_{10} = 30\text{m/s}$ 的高海况下产生这么大的误差是可能的, 但此时波浪起伏使得垂向位移不再为小量, 破坏了该公式成立的条件. 这意味着 Mahrt 的结果此时已不足采信.

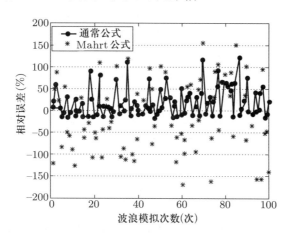

图 9.21   通常通量公式和 Mahrt 绝对误差公式相对于分层平均通量的相对误差比较

6. 结论

有鉴于通常关于风速的运动补偿校正方法并不能完全解决平台晃动对涡相关方法计算通量的影响, 在此我们从平台晃动与风速仪测点位置变化角度重新推导了一个校正模型. 该模型充分考虑到了观测变量的均值在垂向上的差异, 并以分层平均的办法予以滤除. 相比之下, 将晃动情况视为固定情况来考虑的通常通量公式必然存在误差. 对于这一误差我们也给出了明确的校正公式. 它与 Mahrt et al. (2005) 给出的误差公式相比, 可以不受垂向位移脉动为小量的限制. 特别是对于观测变量的垂向梯度比较大, 而且受风浪影响在垂向上平台晃动振幅也比较大的情况, 这一误差可能会非常可观. 数值实验结果显示, 在中高海况下由平台晃动引起的通量观测误差是不容忽视的. 当然, 这种数值实验也存在不足, 毕竟高风速下的气流湍涡与我们定点观测的低风速下的湍涡会有很大不同. 要真正检验这一误差还有待结合实测资料做进一步研究.

9.8   ESMD 方法非湍滤波研究

本部分选自我们于 2013 年发表在 *International Journal of Geosciences* 上的论文. 由于海洋上边界层内的观测难度很大, 通量观测一般都在大气底边界层内进行. 目前主要集中在动量通量 (即风应力)、热通量 (含感热和潜热通量) 和二氧化碳通量的观测和计算方面. 采用涡相关方法进行直接观测的研究者有 Anctil et al. (1994), Fairall et al. (1996), Edson et al. (1998), Burba & Anderson (2007), 王金良和宋金宝 (2011) 等. 采用惯性耗散法进行间接研究者有 Fairall & Larsen (1986); Edson et al. (1991); Donelan et al. (1999).

　　依照通量的原始定义, 当垂向风速分量 $w > 0$ 时有向上的通量, 相反则有向下的通量. 这对于标量物质 (热和二氧化碳等) 是对的. 但是对于向量形式的动量通量则不然. 原因是水平风速分量 u, v 也有正负号, 只不过它们的符号只用于区分水平方向而不具备区分浓度大小那样的功能. 所以在通量计算中于获知平均方向后 u, v 的符号应当被去掉. 下面以所观测的 u 方向动量的垂向转移通量为例来说明, v 方向的可同样处理. 有鉴于海－气边界层内物质输运主要依靠湍流, 通常要对速度做如下雷诺 (Reynolds) 分解:

$$u(t) = \overline{u} + u'(t), \quad w(t) = \overline{w} + w'(t), \tag{9.8.1}$$

其中 $\overline{u}, \overline{w}$ 和 $u'(t), w'(t)$ 分别表示平均量和脉动量. 事实上, 只有在观测信号平稳的情况下其脉动量才能被视为湍流分量. 此时, u 方向动量的垂向通量为

$$
\begin{aligned}
\tau_u &= \rho \overline{u(t)w(t)} = \rho \overline{[(\overline{u} + u'(t))(\overline{w} + w'(t))]} \\
&\approx \rho[\overline{u} \cdot 0 + \overline{u} \cdot 0 + \overline{w} \cdot 0 + \overline{u'(t)w'(t)}] \\
&= \rho \overline{u'(t)w'(t)}.
\end{aligned}
\tag{9.8.2}
$$

但是实际情况并非总是如此. 所观测到的风速往往是非平稳的, 脉动量中总是含有非湍流成分, 所以依据公式 (9.8.2) 进行通量计算时会带来误差. 事实上, 非平稳情况下的非湍流成分可以被视为缓慢变化的函数 $\underline{u}(t), \underline{w}(t)$. 若对两风速分量做 ESMD 分解, 则它们就是全局均线和后几个低频模态的叠加和. 当然, 另外剩余的几个高频模态要对应湍流分量才行. 在这种认识之下,

$$
\begin{aligned}
\tau_u &= \rho \overline{u(t)w(t)} = \rho \overline{[(\underline{u}(t) + u'(t))(\underline{w}(t) + w'(t))]} \\
&= \rho[\overline{\underline{u}(t) \cdot \underline{w}(t)} + \overline{\underline{u}(t)w'(t)} + \overline{u'(t)\underline{w}(t)} + \overline{u'(t)w'(t)}],
\end{aligned}
\tag{9.8.3}
$$

此式中只有最后一项才表达了湍流贡献, 它是统计意义上的真正海－气通量. 虽然其他三项对观测点处的通量存在贡献, 但是在计算时应当被滤除, 因为源于水平梯度的非湍流通量在单点观测代替海区观测的默认假设下是不具有代表性的.

　　下面应用 ESMD 方法研究动量通量. 所用数据 (见图 9.22) 来自 2008 年所作的海－气通量观测实验. 地点为胶州湾八大峡码头, 仪器安装在锚定的 "科学 1 号" 考察船上, 风速仪探头距海面高度为 8.8 m. 由于仪器架装采用刚性连接

且风速仪基本处于竖直状态, 可以认为 $\overline{w} \approx 0$ 并可省略旋转校正处理. 由于动量的平均水平方向决定于均值 $\overline{u}$ 和 $\overline{v}$, 此处不再讨论方向问题并将关注点放在动量通量的量值上. 为了简化问题, 若 u 和 v 在观测时段内不变号我们可以在执行 ESMD 分解之前通过取绝对值去掉其符号; 若 u 和 v 变号则可先做合成处理 $U(t) = \sqrt{u^2(t) + v^2(t)}$. 由于选定的数据满足后一种情况, 需要做合成计算, 其结果见图 9.23.

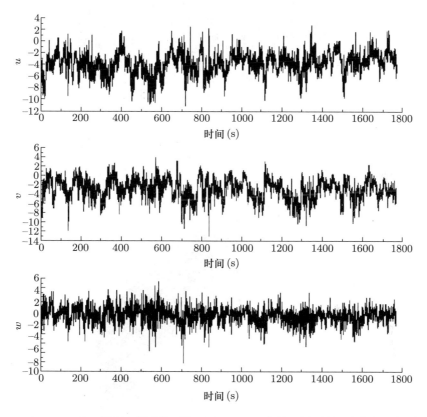

图 9.22　由 HS–50 型三维超声风速仪于海面以上 8.8 m 高处观测到的风速数据, 采样频率为 20 赫兹

　　首先需要对垂向风速分量 w 作傅里叶频率 – 能量谱 (图 9.24). 有鉴于湍流在惯性耗散子区内的能谱服从 –5/3 密率, 可以借助已有的两种手段来滤除非湍流成分. 第一种是 9.5 节采用的高通滤波手段, 需要判定截断频率; 第二种是 Wang et al. (2013) 使用过的模态滤除手段, 需要借助噪声辅助的 EEMD 方法判定截断模态. 从大量的通量计算试验结果来看, 第一种手段虽然直接, 但通量值对截断频率很敏感. 相比而言, 第二种手段有其优越性, 不再武断地作频率截断而是容许一定范围的频率调整. 不过从 5.3 节的分析来看加噪处理会破坏信号从

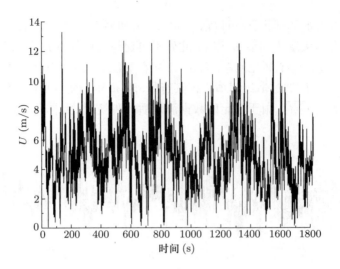

图 9.23　由 u 和 v 合成的水平风速

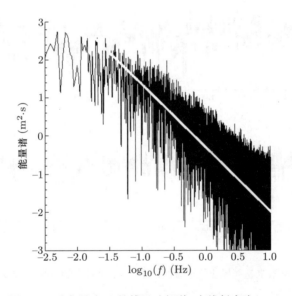

图 9.24　垂向风速 w 的傅里叶频谱 (白线斜率为 –5/3)

而导致分解结果的可信度降低. 这促使我们发展新的滤波手段. ESMD 方法由于不需要噪声辅助且能以优化筛选次数的方式对原信号进行直接的分解, 在这方面优于 EEMD 方法. 确定截断模态是关键所在. Wang et al. (2013) 所采用的处理方式比较复杂. 其实可以直接利用湍流能谱的 –5/3 密率特性进行有效诊断.

对垂向风速分量 w 运用 ESMD 方法得到模态分解结果 (图 9.25) 和相应的频率分布图 (图 9.26). 从图 9.24 可见湍流惯性耗散子区的下界大约在 10^{-1} =

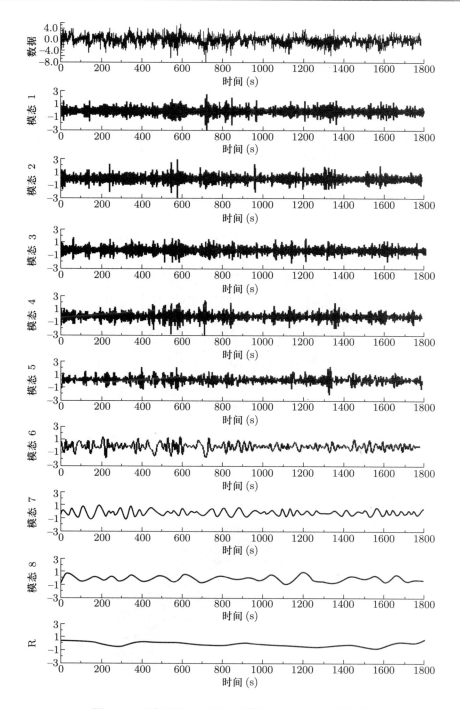

图 9.25 垂向风速 w 对应 3 次筛选的 ESMD 分解结果

0.1(Hz), 而这基本对应着图 9.26 中模态 5 的频率. 从而基本可以认定模态 1 至模态 5 属于湍流成分, 而余项 R 和模态 6 至模态 8 为非湍流成分. 为了检验这一诊断结果, 我们分别做出了模态 1 至模态 5 之和与模态 1 至模态 6 之和的傅里叶谱. 由图 9.27 和图 9.28 可见, 此时模态 1 至模态 5 之和的高频谱部分与 –5/3 密率吻合得很好, 而模态 1 至模态 6 之和的高频谱部分则包含着明显间断. 需要说明的是, 模态 1 至模态 5 中存在低频成分是很自然的事, 因为大大小小的湍涡具有非线性特征而傅里叶谱只是线性变换的结果. 将模态 1 至模态 5 的合成结果记为 $w'(t)$, 对水平风速 $U(t)$ 也执行同样的处理得到湍流部分 $U'(t)$, 进而可由它们的协方差计算通量.

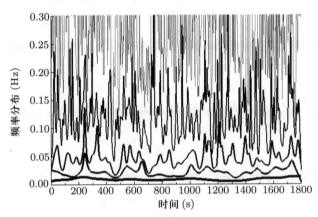

图 9.26　由垂向风速 w 分解得到的模态 4 至模态 8 的频率分布图

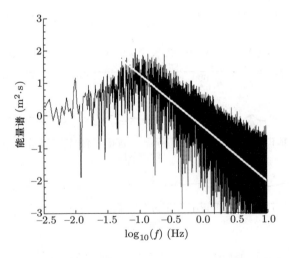

图 9.27　垂向风速 w 的模态 1 至模态5 之和的傅里叶频谱 (白线斜率为 –5/3)

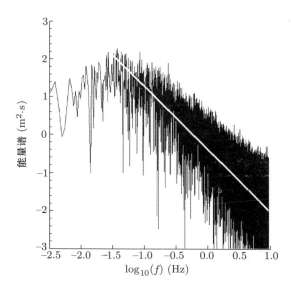

图 9.28   垂向风速 w 的模态 1 至模态 6 之和的傅里叶频谱 (白线斜率为 –5/3)

将空气密度取为 $\rho = 1.2\text{kg/m}^3$ 可算出动量通量如下:

$$\tau = -\rho \overline{U'(t)w'(t)} = 0.041\text{N/m}^2, \qquad (9.8.4)$$

这里的负号表示向下为正. 此时由经验块体公式给出的估计值为

$$\tau_0 = \rho C_{10} \overline{U}_{10}^2 = 0.073\text{N/m}^2, \qquad (9.8.5)$$

其中拖曳系数取为 $C_{10} = 0.0024$, $\overline{U}_{10}$ 为离开海面 10m 高处的平均风速, 它由 8.8m 高处的平均风速 $\overline{U}_{8.8} = 4.978\text{m/s}$ 通过风速剖面公式 (9.5.5) 换算得到. 由 (9.8.4) 和 (9.8.5) 式可见, ESMD 模态滤除方法给出的结果和经验块体公式得到的属于同一量级. 这说明其结果是比较可信的. 补充一句, 如果不做这种处理而是简单地去掉均值后用公式 (9.8.2) 来计算通量其结果会严重偏高. 此时其具体值为 $\tau = 0.980\text{N/m}^2$.

其实, 这种利用 ESMD 方法进行非湍滤波的技术可以被尝试用于处理晃动情况. 由于是直接利用湍流惯性耗散子区进行处理的, 不涉及经验参数的选取, 应当比惯性耗散法具有一定优势.

9.9   波浪增强海 – 气通量的模型化研究

本部分内容选自我们 2015 年初发表在《海洋科学》上的论文. 尽管国内外已经开展了大量的海上通量观测和数值实验, 但是由于海 – 气边界层内存在复杂的动力和热力过程 (风、波浪、太阳辐射、蒸发和降水等) 而且这些过程又与微尺度的湍流运动息息相关, 目前人们对于其交换机制的认识还很不够, 所以对于所观测和计算的通量值的可信度比较低. 例如, 以块体公式所计算的海 – 气通量值为中介应用目前的海 – 气耦合数值模式所估计的海表温度在夏季总是有些偏高 (乔方利等, 2004). 这应当是模型本身的缺陷所造成的. 要改进数值模式有待于对海 – 气交换进行重新量化. 事实上, 由于作为海 – 气交换的海洋表面直接受到波浪起伏的影响, 而这种起伏使得交换面积变大势必会增强交换. 本节将从这一角度来考察波浪对海 – 气通量的影响.

1. 海 – 气通量研究进展

海 – 气通量的研究从观测位置上可区分为大气底边界层和海洋上边界层. 在大气底边界层内的研究目前主要集中在动量通量 (即风应力)、热通量 (含感热和潜热通量) 和二氧化碳通量的观测和计算方面. 最直接的观测一般采用涡相关方法 [Fairall et al. (1996), 王金良和宋金宝 (2009), Li et al. (2013)]. 它受平台的晃动影响较大需进行运动补偿矫正, 对此我们曾做过深入研究 [王金良 (2008), 王金良和宋金宝 (2011)]. 间接的有惯性耗散法 [Fairall & Larsen (1986), Donelan et al. (1999)], 经验的有块体参数化方法 [Fairall et al. (2003)]. 惯性耗散法和块体参数化方法涉及许多经验参数, 由于难于表现海表波浪等动力过程的影响, 不同研究者得到的参数值有所不同. Csanady (2001)、Moon et al. (2004) 和 Sahlee (2002) 分别探讨了动量通量和热通量的参数 C_D, C_H 随主导波的波龄和海面粗糙度的变化情况. 张子范和李家春 (2001) 通过数值模拟大气底边界层内的湍流状况研究了这些参数随风速和波龄的变化情况. 更为系统的方法就是所谓的 "大涡模拟方法" [张兆顺等 (2008)]. 其他论述在柯劳斯 (1979)、莱赫特曼 (1982)、渊秀隆等 (1985)、Christoph & Robert (2007) 等专著中给出了很好的总结. 尽管这些研究考虑到了波浪的影响, 但是其结果主要表现在波浪增大海表粗糙度这方面, 尚不能反映出波面起伏增大交换面积进而影响通量这一事实, 研究有待深入.

事实上, 海洋与大气之间的交换必然依赖于海水的运动和水体中的湍流扩散和热扩散水平. 正如 D'Asaro (2004) 所讲, 在海洋上边界层内直接进行湍流通量观测是困难的, 其原因就在于在近海表处存在着比湍流运动强得多的波浪起伏运动. 尽管如此, Gemmrich & Farmer (1999, 2004) 还是发展了一些随波观测装置, 以测量水下温度脉动的方式, 给出了热通量和湍流通量的一些结果. 我们曾就波浪对垂向热传输的影响问题进行了研究 [Wang & Song (2009)], 结果表明波浪的存在能够加速垂向热传输过程、增强海 – 气热交换. Soloviev & Lukas (2006) 的专著对海洋上边界层内的动力机制进行了详尽的阐述, 其中就有由红外照相技术处理微尺度海表湍流的研究. Veron et al. (2009) 发展了这种技术并阐明了海表温度脉动与风速和波浪之间的对应关系. Banerjee (2007) 在考察水与气之间二氧化碳的交换时得到了与海表流速散度有关的公式, 说明了波面起伏的确会影响海 – 气通量. Witting (1971) 论述了在无风时重力波对厚为 1—2 mm 的海表冷温层温度梯度的影响并认为在以辐射和蒸发为主导因素时有波和无波时的平均热通量 Q 与 Q_0 之间存在如下关系:

$$Q = -r\rho C\kappa\overline{T}_z = rQ_0, \tag{9.9.1}$$

其中增长因子定义为 (见其文 7.2 节附注)

$$r = \frac{s}{\lambda} = \frac{1}{\lambda}\int_0^\lambda \sqrt{1+\xi_x^2}dx, \tag{9.9.2}$$

λ 是波长, s 是 $z = \xi(x,t)$ 对应一个波长的曲线长度. $\rho, C, \kappa, \overline{T}_z$ 分别表示水的密度、定压比热、热传导系数和垂向平均温度梯度 (z 向上为正, 下标表示求偏导数). 对于线性波 $\xi(x,t) = a\sin(kx - \omega t)$ 来说, 成立如下近似式:

$$r = 1 + \frac{1}{4}\varepsilon^2, \tag{9.9.3}$$

其中 $\varepsilon = ak$ 表示波陡 (a 是波浪振幅, k 是波数). 也就是说, 波浪能以 $\varepsilon^2/4$ 的量级增加热通量. Veron et al. (2008) 导出的公式为

$$r = 1 + \overline{\xi_x^2} = 1 + \frac{1}{\lambda}\int_0^\lambda \xi_x^2 dx, \tag{9.9.4}$$

其中线性波对应近似 $r = 1 + \varepsilon^2/2$. 他们分析了从大气一侧获取的观测资料, 间接地得到了与 Witting (1971) 大致吻合的结果. 需要说明的是, Veron 在援引 Witting 的结果时混淆了波浪对通量的影响因子 (9.9.3) 和对海表冷温层梯度的影响因子 $w = 1 + \varepsilon^2$, 相应通量值应当小一些.

2. 波面增长因子

由于波面是二维曲面, Witting (1971) 的公式 (9.9.2) 可以理解为单位宽度上波面相对于平面的增加量. 这一增长因子实际反映的是波浪对海 – 气交换面积的影响. 既然如此, 波面的计算就不必拘泥于单个周期波, 可以推广公式 (9.9.2) 的定义使选定的水平区域足够大以包含能引起波面变化的所有波. 依照微积分理论, t 时刻在水平空间区域 $D = [0, X] \times [0, Y]$ 上波面 $z = \xi(x,y,t)$ 的面积增长因子为

$$r(t) = \frac{S(t)}{D} = \frac{1}{D}\iint\limits_D \sqrt{1+\xi_x^2+\xi_y^2}dxdy. \tag{9.9.5}$$

对于成长中的波面此比率是增长的, 对于充分成长的波面此比率几乎不随时间变化. 特别地, 当波面取为 $\xi(x,y,t) = a\sin(kx-\omega t)$ 时其近似式与方程 (9.9.3)

是一致的. 由此可见, 在只考虑正弦形式的主导波时海表面积的增量大约也是 $\varepsilon^2/4$ 的量级. 但是真实的海面并不是周期波的样子, 而是呈现多波叠加的不规则状态, 其面积很可能比单个周期波大得多.

3. 波面数值模拟

要计算波面增长因子, 需要给出相对真实的海面. 但是由于出海观测难度大, 所获取的一般是单点数据, 很难还原一个区域上的波面起伏, 所以较为可行的办法是借助经验的波浪谱进行数值模拟. 文圣常和余宙文 (1984) 所提供的线性波叠加的方法是一种常规方法, 曾被后续研究者用于计算机图形学, 如曾凡涛 (2007) 等. 我们也采用这一方法, 不过此处关注的是表面面积而不是视觉效果. 若采用通常的波浪频谱, 则还需将时间序列转换成空间序列. 为了直接获取空间波面, 我们采用 Pierson-Moscowitz 形式的波数 – 方向谱 (Tsang et al. 2000):

$$s(k,\theta) = S(k) \cdot D(\theta) = \frac{\alpha}{2k^4} \exp\left(-\frac{\beta g^2}{k^2 U_{19.5}}\right) \cdot \frac{2}{\pi} \cos^2 \theta, \tag{9.9.6}$$

其中无因次常数 $\alpha = 8.1 \times 10^{-3}, \beta = 0.74$, $U_{19.5}$ 为海面以上 19.5m 高处的风速 (可用 10m 高处的 U_{10} 按风速剖面公式换算), g 是重力加速度常数. 此处风速取为 $U_{10} = 10\mathrm{m/s}$; 共叠加 50 个带随机相位的余弦波, 波数步长为 $\pi/250$; 波向从 $-\pi/2$ 到 $\pi/2$ 等分 30 份; 水平区域为 $D = [0, 300] \times [0, 300]$, 步长 2m. 模拟结果见图 9.29.

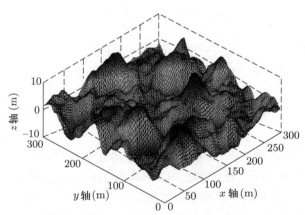

图 9.29 由线性波叠加方法模拟产生的波面

需要说明的是, 在计算公式 (9.9.5) 右端积分时直接离散化会让结果严重偏小且很不稳定. 原因是 ξ_x, ξ_y 这些导数的量值与 1 相比原本就很小, 其平方会更小, 再经开方和累加运算其误差会很大. 一种行之有效的转化是

$$\sqrt{1 + \xi_x^2 + \xi_y^2}\, dxdy = \sqrt{dx^2 dy^2 + dp^2 dy^2 + dq^2 dx^2}, \tag{9.9.7}$$

这里 dp, dq 分别表示 ξ 于垂向上相对于 dx, dy 的增量. 另外, 在有风情况下, 热通量受各种复杂的动力过程影响可能会发生大幅度增长. 此处我们只关注由波面面积增加所带来的增长情况.

由于相位是随机的, 每次的模拟结果都有所不同. 经 10 次模拟, 由公式 (9.9.5) 计算的波面增长因子在 1.072 与 1.090 之间, 均值为 1.079. 需要说明的是, 由于计算资源所限 (模拟涉及四维矩阵运算)、空间分辨率较低、难以包含波长小于数米的小波. 由此可见, 在 $U_{10} = 10\mathrm{m/s}$ 时充分成长的波浪至少可使热通量增加 7.9%. 这比 Witting (1971) 用单个波计算的量值的 2 倍还多, 因为临近破碎的极大振幅波也只增加 3.7% (对应 $r = 1.037$). 另外, 当风速增大到 20m/s 时由公式 (9.9.5) 给出的增加量会达到 30%. 但是, 由于此时波浪破碎强度加大, 计算可靠性会降低. 不过从破碎增大交换面积的角度来看, 增加这样的量级并不为过.

4. 波陡的影响

根据 Witting (1971) 的结果推测, 毛细波由于波陡大 (可达 2.29) 很可能会使波面面积成倍增加. 但是利用前述 Pierson-Moscowitz 谱却模拟不出这样的小波. 先不考虑波向的变化, 则用于叠加的波的波陡为

$$\varepsilon = ak = \sqrt{2S(k)\Delta k}\,k = \frac{\sqrt{\alpha \Delta k}}{k} \exp\left(-\frac{\beta g^2}{2k^2 U_{19.5}}\right). \tag{9.9.8}$$

相应于前述模拟设定, 波数步长为 $\Delta k = \pi/250$, 此时有下面的波陡分布图 (见图 9.30).

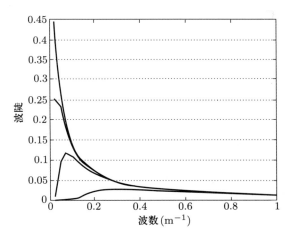

图 9.30   波陡随频率的变化分布图, 从下到上风速 U_{10} 分别为 5, 10, 15, 20 m/s.

由图 9.30 可见, 借助 Pierson-Moscowitz 谱由线性波叠加产生波面时, 除狭小的低频部分外其余余弦波的波陡都是很小的. 特别地, 波数越高的波其波陡越

小, 对于 $k > 1$ 的小波都有 $\varepsilon < 0.02$, 这是不合实际的, 因为对毛细波来说 ε 达到 2.29 都是可能的. 由此可见, 真实海面的面积增加量不止模拟的那么少, 波浪对海 – 气通量的影响还应更强. 当然, 要模拟出相对真实的海面需要调查波陡的分布特性, 这是一个有待深入的问题.

5. 结论

本部分在分析了海 – 气通量研究现状基础上, 提出了一种新的波面增长因子计算公式, 以体现波浪起伏增大交换面积进而增强交换这一事实. 该公式是 Witting (1971) 单波计算公式的推广, 也与 Veron et al. (2008) 等的导出公式基本相似. 就线性波叠加方法产生的波面而言, 在风速为 10m/s 时充分成长的波浪至少可使热通量增加 7.9%, 这比用单个波得到的最大增加量的 2 倍还要多. 另外, 当风速增大到 20m/s 时由新公式给出的增加量会达到 30%. 当然, 从量值上来看波面增长因子还是比较小的. 原因在于借助波数谱生成波面时, 除狭小的低频部分外其余余弦波的波陡都是很小的. 特别地, 波数很高的毛细波只对应小于 0.02 的波陡, 这是不合实际的. 由此可见, 真实海面的面积增加量不止模拟的那么少, 波浪对海 – 气通量的影响还应更强. 当然, 要模拟出相对真实的海面需要较为客观的波陡分布, 这是一个有待探究的问题.

附录 I 傅里叶级数与傅里叶变换

傅里叶 (Fourier) 级数得名于法国数学家 Jean Baptiste Joseph Fourier (1768—1830), 他提出任何函数都可以展开为三角级数. 傅里叶最初是希望引入三角级数来求解热传导方程. 其论文《热的传播》早在 1807 年就已完成, 但因缺乏数学严谨性被拉格朗日、拉普拉斯和勒让德三位评审专家拒稿. 1811 年他又向巴黎科学院提交了修改后的论文, 获得了科学院奖励却未能发表. 傅里叶由于对传热理论的贡献于 1817 年当选为巴黎科学院院士. 1822 年, 傅里叶终于出版了专著《热的解析理论》. 这部经典著作将欧拉、伯努利等人在一些特殊情形下应用的三角级数方法发展成内容丰富的一般理论, 三角级数后来就以其名字命名了. 为了处理无穷区域的热传导问题他又导出了傅里叶积分变换, 这一切都极大地推动了偏微分方程边值问题的研究. 然而傅里叶的工作意义远不止此, 它迫使人们对函数概念作修正、推广, 特别是引起了对不连续函数的探讨; 三角级数收敛性问题更刺激了集合论的诞生. 傅里叶理论已成为当代科学的理论基础, 在物理学、声学、光学、结构动力学、量子力学、数论、组合数学、概率论、统计学、信号处理、密码学、海洋学、通讯、金融等领域都有着广泛的应用.

1. 傅里叶级数

对于定义在区间 $(-l, l)$ 上的函数 $f(x)$, 可将其展开成如下傅里叶级数:

$$f(x) = \frac{a_0}{2} + \sum_{k=1}^{\infty} \left[a_k \cos\left(\frac{k\pi}{l}x\right) + b_k \sin\left(\frac{k\pi}{l}x\right) \right], \tag{1}$$

其中的系数为

$$a_k = \frac{1}{l} \int_{-l}^{l} f(\xi) \cos\left(\frac{k\pi}{l}\xi\right) d\xi, \quad k = 0, 1, \cdots,$$

$$b_k = \frac{1}{l} \int_{-l}^{l} f(\xi) \sin\left(\frac{k\pi}{l}\xi\right) d\xi, \quad k = 1, 2, \cdots. \tag{2}$$

不过, 对于 $(-l, l)$ 内的任意一点 x_0 此展开级数未必都收敛到 $f(x_0)$. 对于实际问题中出现的函数存在多种收敛性判别法, 比如函数的可微性或级数的一致收敛性. 一般地, 于闭区间 $[-l, l]$ 上满足如下狄利克雷条件

(1) 绝对可积;

(2) 只有有限个极值点;

(3) 只有有限个第一类间断点

的函数所展开的傅里叶级数都是收敛的. 而且当 x_0 是 $f(x)$ 的连续点时级数收敛于 $f(x_0)$, 而当 x_0 是 $f(x)$ 的间断点时级数收敛于 $[f(x_0^-) + f(x_0^+)]/2$.

方程 (1) 只有一个而傅里叶系数却有无穷多个, 公式 (2) 是如何得来的呢?
从根本上讲, 闭区间 $[-l, l]$ 上的函数空间是无穷维的 (存在无穷个点), 要作空间分解需要构造一个无穷基函数列. 傅里叶级数展开采用的基是

$$1, \cos\left(\frac{\pi}{l}x\right), \sin\left(\frac{\pi}{l}x\right), \cos\left(\frac{2\pi}{l}x\right), \sin\left(\frac{2\pi}{l}x\right), \cos\left(\frac{3\pi}{l}x\right), \sin\left(\frac{3\pi}{l}x\right), \cdots,$$

它们彼此之间满足积分意义下的正交性 $(m = 0, 1, \cdots, n = 1, 2, \cdots)$:

$$\int_{-l}^{l} \cos\left(\frac{m\pi}{l}x\right) \sin\left(\frac{n\pi}{l}x\right) dx = 0;$$

$$\int_{-l}^{l} \cos\left(\frac{m\pi}{l}x\right) \cos\left(\frac{n\pi}{l}x\right) dx = \begin{cases} 0, & m \neq n, \\ l, & m = n; \end{cases}$$

$$\int_{-l}^{l} \sin\left(\frac{m\pi}{l}x\right) \sin\left(\frac{n\pi}{l}x\right) dx = \begin{cases} 0, & m \neq n, \\ l, & m = n. \end{cases}$$

其实正是借用了这一正交性才导出了公式 (2). 要求取常数 $a_0/2$ 只要对方程 (1) 两端直接于 $[-l, l]$ 上积分即可, 其中的因子 2 是为了形式统一才添加的. 要求解 $a_m (m \geqslant 1)$ 可对方程 (1) 两端同乘以 $\cos(m\pi x/l)$ 并于 $[-l, l]$ 上积分, 再由正交性知无穷级数最后只剩 $k = m$ 一项, 反求即可. 同样可获得 b_m.

2. 傅里叶变换

傅里叶变换是傅里叶级数在无穷区间 $(-\infty, \infty)$ 上的推广, 此时绝对可积的条件变成

$$\int_{-\infty}^{\infty} |f(\xi)| d\xi < +\infty. \tag{3}$$

将傅里叶系数 (2) 代入方程 (1) 并应用两角差的余弦公式得:

$$f(x) = \frac{1}{2l}\int_{-l}^{l} f(\xi)d\xi + \sum_{k=1}^{\infty}\frac{1}{l}\int_{-l}^{l} f(x)\cos\frac{k\pi}{l}(x-\xi)dx. \tag{4}$$

记 $\omega_k = k\pi/l, \Delta\omega = \pi/l$, 则当 $l \to +\infty$ 时绝对可积的要求保证了上式第一项为零, 从而

$$\begin{aligned}
f(x) &= \lim_{\Delta\omega\to 0}\frac{1}{\pi}\sum_{k=1}^{\infty}\Delta\omega\int_{-l}^{l} f(\xi)\cos\omega_k(x-\xi)d\xi \\
&= \frac{1}{\pi}\int_{0}^{\infty}\int_{-\infty}^{\infty} f(\xi)\cos\omega(x-\xi)d\xi d\omega \\
&= \frac{1}{2\pi}\int_{-\infty}^{\infty}\int_{-\infty}^{\infty} f(\xi)[\cos\omega(x-\xi)+i\sin\omega(x-\xi)]d\xi\,d\omega \\
&= \frac{1}{2\pi}\int_{-\infty}^{\infty}\int_{-\infty}^{\infty} f(\xi)e^{i\omega(x-\xi)}d\xi\,d\omega \\
&= \frac{1}{2\pi}\int_{-\infty}^{\infty}\left[\int_{-\infty}^{\infty} f(\xi)e^{-i\omega\xi}d\xi\right]e^{i\omega x}d\omega,
\end{aligned} \tag{5}$$

其中第三个等式应用了 $\cos\omega(x-\xi)$ 和 $\sin\omega(x-\xi)$ 关于积分变量 ω 的奇偶性. 基于上式, 可定义

$$g(\omega) = \int_{-\infty}^{\infty} f(x)e^{-i\omega x}dx \tag{6}$$

为函数 $f(x)$ 的**傅里叶变换**, 记为 $\mathrm{F}[f(x)]$, 它将实际物理变量 x 映射到参变量 ω (可理解为变化频率); 反过来, 可定义

$$f(x) = \frac{1}{2\pi}\int_{-\infty}^{\infty} g(\omega)e^{i\omega x}d\omega \tag{7}$$

为函数 $g(\omega)$ 的**傅里叶逆变换**, 记为 $\mathrm{F}^{-1}[g(\omega)]$, 它将参变量 ω 映射回实际物理变量 x. 这样的处理将实数域内的问题拓展到复数域, 扩大了数域范围, 所以在解释实际物理现象时需要将其对应到实部.

傅里叶变换除了能用于数据分析 (见 1.2 节) 之外, 还可用于求解线性偏微分方程. 例如非齐次热传导方程的初值问题:

$$\begin{cases} \dfrac{\partial u}{\partial t} - a^2\dfrac{\partial^2 u}{\partial x^2} = f(x,t), & -\infty < x < \infty, t > 0, \\ u(x,0) = \varphi(x), & -\infty < x < \infty. \end{cases} \tag{8}$$

可对其施行傅里叶变换消去空间变量 x 得到关于时间 t 的常微分方程, 求解后再通过傅里叶逆变换得到原问题的解. 当然, 这一求解过程需要利用如下的基本性质:

1. 线性性质 (用于处理多项之和, 最基本)

$$\mathrm{F}[af_1(x) + bf_2(x)] = a\mathrm{F}[f_1(x)] + b\mathrm{F}[f_2(x)], \quad a, b \in \mathbb{C}.$$

2. 位移性质 (用于处理时滞问题)

$$\mathrm{F}[f(x \pm x_0)] = e^{\pm i\omega x_0}\mathrm{F}[f(x)].$$

3. 微分性质 (用于消去微分方程中的导数)

$$\mathrm{F}[f'(x)] = i\omega\mathrm{F}[f(x)].$$

4. 积分性质 (用于处理积分方程)

$$\mathrm{F}\left[\int_{-\infty}^{x} f(\xi)d\xi\right] = \frac{1}{i\omega}\mathrm{F}[f(x)].$$

5. 卷积定理 (用于消去乘积项和求取傅里叶逆变换)

$$\begin{cases} \mathrm{F}[f_1(x) \cdot f_2(x)] = \dfrac{1}{2\pi}\mathrm{F}[f_1(x)] * \mathrm{F}[f_2(x)], \\ \mathrm{F}[f_1(x) * f_2(x)] = \mathrm{F}[f_1(x)] \cdot \mathrm{F}[f_2(x)], \end{cases}$$

其中函数的卷积定义为

$$f_1(x) * f_2(x) = \int_{-\infty}^{\infty} f_1(\xi)f_2(x - \xi)d\xi. \tag{9}$$

需要说明的是, 卷积是一个随 x 变化的函数, 而

$$\int_{-\infty}^{\infty} f_1(\xi)f_2(\xi)d\xi$$

仅仅是一个数值, 它不具有任何利用价值. 卷积的应用很普遍, 例如, $f(x)$ 的小波变换是它与小波基 $\psi_{a,b}(x)$ 的卷积, 而其希尔伯特变换却是它与 $1/x$ 的卷积.

附录 II   加权周期概念

现实世界中存在着大量非标准的周期振动现象. 出于研究需要得拓展周期概念, 于是 "概周期" 的概念应运而生. 但是概周期概念的描述能力有限, 难以刻画频率不变而振幅变化的振动现象, 于是 "加权周期" 概念出现了. 本附录将对加权周期理论成果进行梳理并对其潜在应用进行展望. 内容选自 2012 年校报特约论文.

在应用数学研究领域, 系统的长期演化特性是人们关注的重要课题. 譬如, 去了解一个种群演化的渐近性态就十分有必要, 因为这意味着该物种是持续生存还是趋向灭绝. 所以这方面吸引了众多的研究者, 而关注最多的是系统的渐近周期性, 如我们的前期工作 [Wang & Zhou (2003), Wang et al. (2006, 2008)]. 众所周知, 如果函数 $f(t)$ 满足 $f(t+T) = f(t)$, 其中 T 为某正常数, 则称其为周期函数. 相应地, 当系统从一个初始值开始变化, 逐渐趋近于某个周期函数时就称该系统具有渐近周期性. 周期函数对应着自然界中物质的较为理想的运动变化. 但是事情并不总是如此, 例如大家常见的阻尼振动. 拿单摆来说, 由于受到空气阻力的影响, 若记单摆的摆角为 $f(t)$, 则此时 $w(t) = f(t+T)/f(t) \neq 1$. 事实上, 此时 $0 < w(t) < 1$. 对于这种周期不变而振幅变化的振动现象 (见附图 1), 概周期 [何崇佑 (1992), Fink (1974)] 在描述上存在困难. 受此启发我们将 "周期" 概念拓展为 "加权周期", 并就时滞微分方程、脉冲微分方程中的一些问题进行了探讨 [Wang & Li (2006, 2007, 2008), Wang & Zhang (2006)]. 从研究结果来看, 不但脉冲会带来方程的渐近加权周期变化, 而且系数的加权周期变化也同样能.

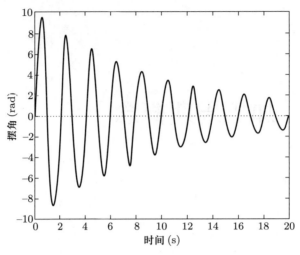

附图 1　加权周期振动示例

1. 理论根源

周期振动现象对应于相平面上封闭的极限环, 可以理解成线性微分方程一种周期不变振幅也不变的特殊解. 而更普遍的情况是其振幅也在变化. 从最简的一阶线性方程来看:

$$x'(t) = ax(t) + f(t), \tag{1}$$

其中 a 是某常数. 其通解为

$$x(t) = e^{at}\left[C + \int f(t)e^{-at}dt\right], \tag{2}$$

这里 C 是任意常数. 由此可见, 在齐次情况下, 即 $f(t) \equiv 0$ 时, 方程 (1) 不具有周期解. 要产生周期解需要施加特殊的外力, 例如, 当取 $f(t) = \cos t - a\sin t$ 时, 方程 (1) 存在周期解 $x(t) = \sin t$. 对于其他形式的外力, 虽然无周期解但其解也可能具有某些周期特性. 例如当 $f(t) = e^{\varepsilon t}[\cos t - (a - \varepsilon)\sin t]$ 时存在周期不变而振幅变化的解 $x(t) = e^{\varepsilon t}\sin t$. 对于常系数二阶齐次线性方程来说,

$$x''(t) + a_1 x'(t) + a_2 x(t) = 0, \tag{3}$$

其对应特征方程 $\lambda^2 + a_1\lambda + a_2 = 0$ 的特征根为

$$\lambda = \frac{-a_1 \pm \sqrt{a_1^2 - 4a_2}}{2}. \tag{4}$$

当 $a_1^2 - 4a_2 \geqslant 0$ 时方程 (3) 不存在非常数周期解, 反之, λ 为一对共轭复根. 当其

为纯虚根时方程 (3) 才有周期解, 否则,

$$x(t) = e^{-a_1 t/2} \left[C_1 \cos \left(\sqrt{4a_2 - a_1^2}\, t/2 \right) + C_2 \sin \left(\sqrt{4a_2 - a_1^2}\, t/2 \right) \right] \qquad (5)$$

为周期不变而振幅变化的解. 当然, 如果方程 (3) 存在非齐次项也可能产生这种形式的解.

一般而言, 常系数齐次线性微分方程的特征根中有纯虚根时才会存在周期解, 不是纯虚根的情况更普遍. 非实复根对应的解具有周期不变而振幅变化的特点, 对应于现实世界中的阻尼振动、激发振荡、风浪成长等多种物理过程, 具有重要的研究价值.

2. 加权周期概念

以 E 代表实数集 $\mathbb{R}$ 或复数集 $\mathbb{C}$. 记 $C(\mathbb{R}, E)$ 为所有从 $\mathbb{R}$ 到 E 的连续函数的集合. 我们将熟知的满足 $f(t + T) = f(t)$ 的周期函数称为普通周期函数. 对照于普通周期函数, 我们定义了下面的加权周期函数:

定义 1 (迭代形式)　$f(t) : \mathbb{R} \to E$ 是一个连续或分段连续的函数. 如果存在一个正常数 T 及一个连续或分段连续的函数 $w(t) : \mathbb{R} \to \mathbb{R}$ 使得

$$f(t + T) = w(t) f(t), \quad \forall t \in \mathbb{R}, \qquad (6)$$

那么 $f(t)$ 就被称为一个加权周期函数, 相应的 T 被称为它的周期, $w(t)$ 被称为它的权函数.

定义 2(振动形式)　$f(t) : \mathbb{R} \to E$ 是一个连续或分段连续的函数. 如果存在一个连续或分段连续的以 T 为周期的周期函数 $\theta(t) : \mathbb{R} \to E$ 和一个实值函数 $a(t)$ 使得

$$f(t) = a(t) \theta(t), \quad \forall t \in \mathbb{R}, \qquad (7)$$

那么 $f(t)$ 就被称为一个加权周期函数, 相应的 T 被称为它的周期, $a(t)$ 被称为它的振幅函数.

关于这两种定义的区别与联系以及相关运算性质的详细论述请参考 Wang & Li (2006). 从定义可以看出普通周期函数是加权周期函数的特例. 其实加权周期函数也有别于概周期函数. 以 Bohr 定义来讲, 概周期函数 $f(t) \in C(\mathbb{R}, E)$ 要满足: 对于任意给定的 $\varepsilon > 0$, 集合

$$T(f, \varepsilon) = \{T; |f(t + T) - f(t)| < \varepsilon, \forall t \in \mathbb{R}\}$$

是相对紧的. 其实, 当 f 还是有界函数时, 加权周期函数在 $\lim\limits_{t \to \pm\infty} w(t) = 1$ 时的特殊情况就是概周期函数.

3. 渐近加权周期概念

相应于周期概念来说, 有渐近周期概念: 对于函数 $x(t)$ 来说, 如果存在某个周期函数 $\theta(t)$ 使得 $\lim\limits_{t\to+\infty}|x(t)-\theta(t)|=0$, 则 $x(t)$ 被称为是渐近周期的. 这一概念能刻画系统的长期演化行为. 在普通周期概念推广成加权周期概念之后, 相应地也会有渐近加权周期概念:

定义 3 $f(t):\mathbb{R}\to E$ 是一个连续或分段连续的函数. 如果存在一个正常数 T 及一个连续或分段连续的函数 $w(t):\mathbb{R}\to\mathbb{R}$ 使得

$$\lim_{t\to+\infty}|f(t+T)-w(t)f(t)|=0, \tag{8}$$

则称 $f(t)$ 具有周期为 T、权函数为 $w(t)$ 的渐近加权周期性.

为便于研究偏微分方程渐近性态, 这一概念也可扩充到 n 维 Banach 空间 X 上.

定义 4 $f(t,\cdot)$ 在 X 的范数意义下关于 t 连续或分段连续. 如果存在一个正常数 T 及一个连续或分段连续的函数 $w(t):\mathbb{R}\to\mathbb{R}$ 使得

$$\lim_{t\to+\infty}\|f(t+T,\cdot)-w(t)f(t,\cdot)\|_X=0, \tag{9}$$

则称 $f(t,x)$ 关于 t 具有周期为 T、权函数为 $w(t)$ 的渐近加权周期性.

4. 应用进展

对于脉冲微分方程渐近行为的研究, 通常人们只得到振动性结果, 对于如何振动却知之甚少. 而 "渐近加权周期" 的描述手段不但可以详细刻画振动频率还能清晰地给出振幅变化特征, 因此非常适合这方面的研究. 特别地, 由于时滞经常会引起系统的振荡性, 人们往往采用脉冲控制手段使之稳定. 但是如何设计控制器就成了一个核心问题, 而 "渐近加权周期" 的描述手段正迎合了这种需要.

最早我们研究了时滞脉冲常微分方程

$$\begin{cases} x'(t)=p(t)x(t)+q(t)f(x(t-\tau)), & t>0,\, t\neq t_k, \\ x(t_k^+)-x(t_k^-)=bx(t_k^-), \\ x(s)=x_0(s), & s\in[-\tau,0] \end{cases}$$

在系数函数 $p(t),q(t)$ 发生周期变化时可能因脉冲和时滞引起的渐近加权周期性. 结果表明, 在非线性项满足加权 Lipschitz 条件下 (脉冲系数 $b\neq-1$):

$$|f(x_1)-(1+b)f(x_2)|\leqslant L|x_1-(1+b)x_2|.$$

该初值问题的解具有下述渐近加权周期性:

$$\begin{cases} \lim\limits_{t \to +\infty} |x(t) - (1+b)x(t-\tau)| = 0, & b > -1, \\ \lim\limits_{t \to +\infty} |x(t) - (1+b)^2 x(t-2\tau)| = 0, & b < -1. \end{cases}$$

随后我们研究了类似的脉冲偏微分方程, 得到了更加丰富的结果.

由此可见, 如果脉冲间断正好发生在时滞整数倍处、系数也以时滞为周期且非线性项较弱, 那么脉冲系统就可能发生渐近加权周期振荡, 而相应的衰减或激励幅度决定于脉冲强度. 对于更宽泛的条件下是否会有渐近加权周期现象发生? 这一问题涉及非常丰富的内容, 有待深入研究.

非脉冲方程是否也有渐近加权周期现象发生? 回答是肯定的. 从我们的最新研究结果来看, 当方程系数发生加权周期变化时也能产生渐近加权周期解. 对应于实际问题, 拿生态动力模型来说, 今年的环境条件和去年的有所不同, 生境中的种群演化情况也会不同, 从而种群数量出现渐近加权周期变化也就非常自然了. 这方面的研究也才刚刚开始.

加权周期概念于 2006 年提出之后还没形成完整的理论体系, 空白很多, 期待更多人参与研究. 在应用方面, 除了系统演化之外也可用于数据分析. 总之, 不管是理论研究方面还是应用研究方面都有待深入.

附录 III   记忆依赖型导数概念

数学像一棵大树, 根植于其他学科的沃土, 却又以自己的方式向上开枝散叶, 而其果实和木材却往往被挪为他用. 在 17 世纪分数阶导数已是这棵大树上的一根枝条, 但是由于其定义太过抽象没有引起人们的重视. 直到近几十年人们才意识到它比通常的导数具有更强的表现力, 能够更好地反映事物的变化, 其相应的理论和应用研究才多起来. 目前分数阶导数已被用于黏弹性和流变学、电力工程、生物学、信号处理和控制工程等学科 [Sabatier et al. (2007)]. "记忆依赖型导数" 是我们在研究分数阶导数的过程中提出来的, 主要成果见于 2011 年发表在 *Computers & Mathematics with Applications* 上的论文.

分数阶导数的概念可以追溯到 1695 年, 当时 de l'Hospital 问了一个著名的问题 "导数 $d^n f/dx^n$ 在 $n = 1/2$ 时表示什么意思?" 从那以后数学上产生了一个新分支 —— 分数阶微积分学. 它是对通常整数阶导数的推广, 其基本思想是将分数阶导数看成是某个积分的逆运算, 而这个积分通常被选为 Riemann-Liouville 形式 [Diethelm (2010)]:

$$J_a^\alpha f(t) = \int_a^t \frac{(t-s)^{\alpha-1}}{\Gamma(\alpha)} f(s)ds, \quad t \in [a, b], \quad \alpha > 0. \tag{1}$$

此处要求 $f(t)$ 在给定区间 $[a, b]$ 上可积, Γ 是 Gamma 函数. 其相应的 α 阶 Riemann-Liouville 型分数阶导数定义为

$$D_a^\alpha f(t) = D^m J_a^{m-\alpha} f(t) = \frac{d^m}{dt^m} \left[\int_a^t K_\alpha(t-s)f(s)ds \right], \tag{2}$$

在这里 m 是一个整数, 满足 $m-1 < \alpha \leqslant m$, D^m 是通常的 m 阶导数, 积分核为

$$K_\alpha(t-s) = \frac{(t-s)^{m-\alpha-1}}{\Gamma(m-\alpha)}. \tag{3}$$

从历史上来看这种导数定义得最早, 其相应的数学理论也已经发展得比较完善了, 但是却很难应用于解决实际问题. 为此人们又发展了 Caputo 型分数阶导数:

$$D_a^\alpha f(t) = J_a^{m-\alpha} D^m f(t) = \int_a^t K_\alpha(t-s) f^{(m)}(s) ds, \tag{4}$$

这里的 $f^m(t)$ 表示通常的 m 阶导数, 它具有较为明确的物理意义, 例如在运动问题中一阶导数表示速度, 二阶导数表示加速度. 另外, 对于 $m=1$ 或 2 的情况还有一种分段定义的 Weyl 型分数阶导数 [Samko et al. (1993)]:

$$\begin{aligned}
D_+^\alpha f(t) &= \frac{d^m}{dt^m}\left[\int_{-\infty}^t K_\alpha(t-s) f(s) ds\right], \\
D_-^\alpha f(t) &= \frac{d^m}{dt^m}\left[\int_t^\infty K_\alpha(s-t) f(s) ds\right].
\end{aligned} \tag{5}$$

这种定义将有限区间上的积分拓展成了无穷积分, 消除了导数对端点 a 的依赖性. 但是其缺陷是需要联合两个分段导数来表示正常导数而且难于定义高阶情况. 例如, 由此衍生出的 Reisz 导数需要定义成下述形式:

$$R^\alpha f(t) = -\frac{D_+^\alpha f(t) + D_-^\alpha f(t)}{2\cos(\alpha\pi/2)}, \quad 0 < \alpha < 2, \alpha \neq 1. \tag{6}$$

由于 Caputo 型分数阶导数采用的是具有明确物理意义的整阶导数定义的, 所以它是上述三种导数中应用最广的一种.

从 ISI Web of Knowledge (SCI-Expanded, CPCI-S) 数据库的分析结果来看, 目前除了部分国内学者将 Caputo 型分数阶导数推广到复数域的工作外, 这一领域的研究主要集中在分数阶微分方程解的性态方面和近似解与数值解方面. 发展趋势是从线性到非线性、从简单初值问题到非局部初值和多点边值问题、从稳定到不稳定乃至混沌、从实空间到抽象空间、从常微到偏微. 关于分数阶导数的理论和应用研究已经非常深入了. 在这一领域要有比较大的发展就需要在导数的原始定义上有所突破.

其实, 分数阶导数之所以能够有如此广泛的应用是因为它能在一定程度上反映某些动力过程的 "记忆依赖性" [Mishura (2008)] (指当前状态对过去状态具有依赖性). 但是用分数阶导数来刻画这种记忆依赖性存在两点不足:

(1) 记忆依赖区间 $[a, t]$ 随时间 t 增加而不断增大 (a 是某个给定的数), 但实际的物理过程对过去状态的依赖一般是某个有限的时间段 $[t-\tau, t]$, 其中 τ 为时滞;

(2) 所定义的积分中关于过去的依赖权重函数是一个具有奇异性的确定函数, 不能满足不同物理过程对权重函数的灵活性要求.

针对分数阶导数的上述缺陷, 我们提出一种新导数 ——"记忆依赖型导数" [Wang & Li (2011)] 来取替分数阶导数以便更好地刻画各种具有记忆依赖性的动力过程. 关于分数阶导数和分数阶微分方程的研究成果已有很多, 如在 Diethelm (2010) 的专著中已有比较系统的总结, 但是对记忆依赖型导数的研究却未发现, 而且这一名称也是我们根据 Mishura (2008) 的描述总结出来的.

在 Caputo 型分数阶导数的启发下, 我们定义 "记忆依赖型导数" 如下:

$$D_\tau^m f(t) = \frac{1}{\tau} \int_{t-\tau}^t K(t,s) f^{(m)}(s) ds, \tag{7}$$

其中 $f^{(m)}(s)$ 表示通常的整数 m 阶导数, $\tau\,(> 0)$ 是时滞, 它表征记忆依赖时段的长短, 此处二元积分核函数 (下称 "权重函数") K 满足条件:

$$K(t,t) = 1, \qquad \frac{\partial K}{\partial t} = -\frac{\partial K}{\partial s}. \tag{8}$$

其中第一个条件能够保证当依赖区间收缩到 0 时由 (8) 定义的 m 阶记忆依赖型导数退化成通常的 m 阶导数, 即当 $\tau \to 0$ 时, $D_\tau^m f(t) \to f^{(m)}(t)$. 第二个条件能够保证高阶导数和低阶导数的一贯性和相容性, 可以证明

$$D_\tau^m = \overbrace{D \cdots D}^{m-1 \text{ 个}} D_\tau^1,$$

其中 D 表示通常的求导. 另外, 易验该导数还满足线性性质.

由上述分析可知这样定义的导数是自洽的. 它以通常导数在过去某段时间上的一种加权平均形式表示, 具有很直观的物理意义, 同时也弥补了 Caputo 型分数阶导数的不足. 其积分区间不再依赖于给定端点 a 而是随时滑动的, 其刻画过去对当前影响的权重函数 K 不再是固定形式而是可以根据具体需要来选择, 如 1, $s-t+1$ 和 $[(s-t)/\tau+1]^2$ 等. 此外, 我们把含有记忆依赖型导数的微分方程称为 "记忆依赖型微分方程" [Wang & Li (2011), Li & Wang (2012)]. 其特点如下:

1. 时滞和权重函数的影响

和分数阶导数固定形式的权重函数 $K_\alpha(t-s)$ 不同, 记忆依赖型导数中的权重函数 $K(t,s)$ 是可变的, 它可以取成多种不同形式只要满足条件 (8) 就行, 附图 2 中给出了相应于 $\tau = 1.5$ 的几个例子. 从图中可以看出, 分数阶导数的权重函数 $K_\alpha(t-s)$ 在 $s \to t$ 时趋于无穷这在物理解释上存在困难. 记忆依赖型导数中

的权重函数 $K(t,s)$ 在 $s \to t$ 时趋于 1 而在 $[t-\tau,t)$ 上小于 1, 这对应于当前变化率对当前的贡献是 100% 而过去某时刻的状态对当前的贡献占有一个较小的比率. 特别是, 在 $s = t - \tau$ 时所占比率为 0% 对应于过去状态对当前已没有贡献, 说明 $s < t - \tau$ 时记忆依赖性消失, 这更加符合物理实际. 如果对于某个时滞 τ 来说 $K(t, t-\tau) \neq 0$, 则可以使 τ 增加到足够大以致使得 $s < t - \tau$ 的历史状态对当前的贡献可以忽略. 当然, 从数学角度来考虑二元函数 $K(t,s)$ 可以不必是非负函数, 也可以不必连续.

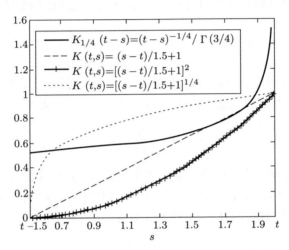

附图 2　不同形式的权重函数 $K(t,s)$ 以及 $K_\alpha(t-s)$ 的比较示意图

由于权重函数存在很大的选择灵活性, 一个非常简单的记忆依赖型方程可以表达很多不同类型的方程. 考虑最简单的记忆依赖型方程

$$D_\tau u(t) = r\, u(t), \tag{9}$$

其中 r 是正常数. 当 $\tau \to 0$ 时该方程退化成著名的 Malthus 人口模型

$$\frac{du(t)}{dt} = r\, u(t). \tag{10}$$

事实上, 对于生命周期较长的物种来说, 内禀增长率 r (自然出生率与自然死亡率之差) 是长时间的统计平均, 它并不能完全对应于 t 时刻的瞬时种群变化率 du/dt. 因此将其对应于过去时段 $[t-\tau,t]$ 上的某种加权平均更具合理性.

对应于不同的权重函数方程类型会有很大不同, 例如:

$$K(t,s) \equiv 1 : u(t) = \frac{1}{1-r\tau}u(t-\tau),$$

$$K(t,s) = (s-t)/\tau + 1 : u'(t) = \frac{1}{\tau(1-r\tau)}[u(t) - u(t-\tau)],$$

$$K(t,s) = [(s-t)/\tau + 1]^2 : u''(t) = \frac{2}{\tau(1-r\tau)}u'(t) - \frac{2}{\tau^2(1-r\tau)}[u(t) - u(t-\tau)].$$

这说明记忆依赖型方程与时滞方程有着非常密切的联系, 从而这方面的研究可以借鉴时滞方程的相关理论来开展.

2. 记忆依赖型微分方程解的性态

正如前面所讲, 由于权重函数 $K(t,s)$ 存在很大的选择自由度, 这给论证记忆依赖型方程解的存在性、唯一性和稳定性造成了很大困难, 毕竟方程中微分和积分是融合在一起的. 一阶情况如下:

$$\frac{1}{\tau}\int_{t-\tau}^{t} K(t,s)u'(s)ds = f(t,u(t)),$$

其中 f 是时间 t 和未知函数 u 的函数. 对于其解的存在性, 我们的基本的思路是根据 $K(t,s)$ 的情况, 适当构造迭代序列, 参考常微分方程解的存在性定理来证明. 唯一性和稳定性的论证也可参考相关理论来尝试.

3. 求解记忆依赖型微分方程的定解问题

对于记忆依赖型方程可以提初值问题, 也可以提多点边值问题. 以初值问题为例, 一阶方程 (9) 所对应的初值应当与时滞有关, 即

$$u(t) = u_0(t), \quad t \in [-\tau, 0],$$

其中 u_0 是已知函数. 由于方程中存在导数的加权积分形式, 所以一般很难求得精确解. 可以尝试采用迭代等方法来求近似解. 对于难以求得近似解的方程也可以通过适当的差分方法来求取数值解. 附图 3 给出了当 $K(t,s) = (s-t)/\tau + 1$ 时记忆依赖型方程 (9) 具有初值 $u_0 = 0.1e^{rt}, t \in [-\tau, 0]$ 的数值模拟. 其中 $\tau = 0$ 对应于附带初始条件 $u(0) = 0.1$ 的 Malthus 人口模型 (10). 从图中不难看出, 依赖时段越长记忆依赖效应就越不容忽视.

4. 总结

记忆依赖型导数自 2011 年提出以来受到了一些学者的关注. Yu et al. (2014) 和 Ezzat et al. (2014) 已将其应用于热弹性力学. 也有一些杂志社对这方面的研究进展感兴趣, 纷纷发来约稿函. 与记忆依赖型导数相关的理论和应用研究才

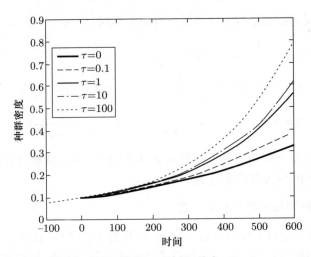

附图 3　不同时滞情况下记忆依赖型方程 (9) 的解, 其中 $K(t,s) = (s-t)/\tau + 1$, $r=0.002$

刚刚开始, 算是一个新颖的研究方向, 适合数学和相关应用学科的研究人员进行探索.

参考文献

Anctil F, Donelan M A, Drennan W M, et al. 1994. Eddy-correlation measurements of air-sea fluxes from a discus buoy [J]. Journal of Atmospheric and Oceanic technology, 11(8): 1144-1150.

Anderson R J. 1993. A study of wind stress and heat flux over the open ocean by the inertial-dissipation method [J]. Journal of physical oceanography, 23: 2153-2161.

Anthoni P M, Law B E, Unsworth M H. 1999. Carbon and water vapor exchange of an open-canopied ponderosa pine ecosystem [J]. Agricultural and Forest Meteorology, 95: 151-168.

Banerjee S. 2007. Modeling of the interphase turbulent transport processes [J]. Industrial & Engineering Chemistry Research, 46(10): 3063-3068.

Bao S, Pietrafesa L J, Huang N E, et al. 2011. An empirical study of tropical cyclone activity in the Atlantic and Pacific oceans: 1851—2005 [J]. Adv. Adapt. Data Anal., 3(3): 291-307.

Blanc T V. 1987. Accuracy of bulk-method-detemined flux, stability, and sea surface roughness [J]. J. Geophys. Res., 92: 3867-3876.

Brut D L, Durand P. 2004. A relexed eddy accumulator for surface flux measurements on ground-based platforms and aboard research vessels [J]. Journal of Atmospheric and Oceanic Technology, 21: 411-427.

Bumke K, Karger U, Uhlig K. 2002. Measurements of turbulent fluxes of momentum and sensible heat over the Labrador Sea [J]. Journal of Physical Oceanography, 32(2): 401-410.

Bunker A F. 1976. Computation of surface energy flux and annual air-sea interaction cycles of the North Atlantic [J]. Mon. Weather Rev., 104: 1122-1140.

Burba G, Anderson D. 2007. Introduction to the Eddy Covariance Method: General Guidelines and Conventional Workflow[R/OL]. LI-COR Biosciences, pp.141, http://www. licor.com.

Buzorius G, Rannik U, Mäkelä J M, Vesala T, Kulmala M. 1998. Vertical aerosol particle fluxes measured by eddy covariance technique using condensational particle counter [J]. Journal of Aerosol Science, 29(1–2): 157-171.

Chou S H, Nelkin E J, Ardizzone R, et al. 2003. Surface turbulent heat and momentum fluxes over global oceans based on the Goddard Satellite Retrievals [J]. J Climate, 16: 3256-3273.

Christoph S G, Robert A. 2007. Handler and Bernd Jähne. Transport at the Air-Sea Interface [M]. Berlin, Heidelberg, New York: Springer-Verlag.

Csanady G T. 2001. Air-sea Interaction, Laws and Mechanisms [M]. Cambridge: Cambridge University Press.

Dardier G, Weill A, Dupuis H, et al. 2003. Constraining the inertial dissipation method using the vertical velocity variance [J]. Journal of Geophysical Research-Oceans, 108(C3), Art. No. 8063.

D'Asaro E A. 2004. Air-sea heat flux measurements from nearly neutrally buoyant floats [J]. Journal of Atmospheric and Oceanic Technology, 21, 1086-1094.

Diethelm K. 2010. The Analysis of Fractional Differential Equations: An Application-Oriented Exposition Using Differential Operators of Caputo Type [M]. Berlin: Springer-Verlag.

Donelan M A, Madsen N, Kahma K K, et al. 1999. Apparatus for atmospheric surface layer measurements over waves [J]. Journal of Atmospheric and Oceanic Technology, 16(9): 1172-1182.

Dupuis H, Guerin C, Hauser D, et al. 2003. Impact of flow distortion corrections on turbulent fluxes estimated by the inertial dissipation method during the FETCH experiment on R/V L'Atalante [J]. Journal of Geophysical Research-Oceans, 108(C3), 8064.

Edson J B, Fairall C W, Mestayer P G, et al. 1991. A study of the inertial-dissipation method for computing air-sea fluxes [J]. Journal of Geophysical Research-Oceans, 96(C6): 10689-10711.

Edson J B, Hinton A A, Prada K E, et al. 1998. Direct covariance flux estimates from mobile platforms at sea [J]. Journal of Atmospheric and Oceanic technology, 15: 547-562.

Ezzat M A, El-Karamany A S, El-Bary A A. 2014. Generalized thermo-viscoelasticity with memory-dependent derivatives [J]. International Journal of Mechanical Sciences, 89: 470-475.

Fairall C W, Bradley E F, Hare J E, et al. 2003. Bulk parameterization of air-sea fluxes: updates and verification for the COARE algorithm [J]. Journal of Climate, 16: 571-591.

Fairall C W, Bradley E F, Rogers D P, et al. 1996. Bulk parameterization of air-sea fluxes for tropical ocean-global atmosphere coupled-ocean atmosphere response experiment [J]. Journal of Geophysical Research, 101(2): 3747-3764.

Fairall C W, Larsen S E. 1986. Inertial-dissipation methods and turbulent fluxes at the air-ocean interface [J]. Boundary-Layer Meteorology, 34: 287-301.

Fink A M. 1974. Almost Periodic Differential Equations [M]. Berlin: Springer-Verlag.

Flandrin P, Goncalves P. 2004. Empirical mode decompositions as datadriven wavelet-like expansions [J]. Int. J. Wavelets, Multiresolut. Inf. Process., 2(4): 477-496.

Flandrin P, Goncalves P, Rilling G. 2005. EMD equivalent filter bank, from interpretation to applications [M] // Huang N E, Shen S. Hilbert-Huang Transform and Its Applications. Singapore: World Scientific: 57-74.

Flandrin P, Rilling G, Goncalves P. 2004. Empirical mode decomposition as a filterbank [J]. IEEE Data Proc. Lett., 11: 112-114.

Foken T, Gockede M, Mauder M, et al. 2004. Post-field data quality control [M] // Lee X. Handbook of Micrometeorology: a Guide for Surface Flux Measurements.

Kluwer: Dordrecht.

Foken T, Wichura B. 1996. Tools for quality assessment of surface-based flux measurements [J]. Agric. For. Meteorol., 78: 83-105.

Fontan J, Lopez A, Lamaud E, Druilhet A. 1997. Vertical flux measurements of the submicronic aerosol particles and parameterization of the dry deposition velocity [M] // Slanina J. Transport and Chemical Transformation of Pollutants in the Troposphere. Germany: Springer-Verlag, 381-390.

Garbe C S, Handler R A, Jähne B. 2007. Transport at the Air-Sea Interface: Measurements, Models and Parametrizations [M]. Berlin: Springer-Verlag.

Gemmrich J R and Farmer D M. 1999. Near-surface turbulence and thermal structure in a wind-driven sea [J]. Journal of Physical Oceanography, 29: 480-499.

Gemmrich J R and Farmer D M. 2004. Near-surface turbulence in the presence of breaking waves [J]. Journal of Physical Oceanography, 34: 1067-1086.

Graber H C, Terray E A, Donelan M A, et al. 2000. ASIS-A new air-sea interaction spar buoy: design and performance at sea [J]. Journal of Atmospheric and Oceanic Technology, 17(5): 708-720.

Hollinger D Y, Kelliher F M, Schulze E D. 1995. Initial assessment of multi-scale measures of CO_2 and H_2O flux in the Siberian taiga [J]. Journal of Biogeography, 22: 425-431.

Hou T Y, Shi Z Q. 2011. Adaptive data analysis via sparse time-frequency representation [J]. Adv. Adapt. Data Anal., 3(1, 2): 1-28.

Hou T Y, Shi Z Q. 2013. Data-driven time-frequency analysis [J]. Applied and Computational Harmonic Analysis, 35(2): 284-308.

Hou T Y, Yan M P, Wu Z. 2009. A variant of the EMD method for multiscale data [J]. Adv. Adapt. Data Anal., 1(4): 483-516.

Huang N E, Shen S S P. 2005. Hilbert-Huang Transform: Introduction and Applications [M]. Singapore:World Scientific.

Huang N E, Shen Z, Long S R, et al. 1998. The empirical mode decomposition and the Hilbert spectrum for nonlinear and nonstationary time series analysis [J]. Proc. R. Soc. Lond. A, 454: 903-995.

Huang N E, Wu M L, Long S R, et al. 2003. A confidence limit for the empirical mode decomposition and Hilbert spectral analysis [J]. Proc. R. Soc. Lond. A, 459: 2317-2345.

Huang N E, Wu Z. 2008. A review on Hilbert-Huang transform: Method and its applications to geophysical studies [J]. Rev. Geophys., 46(2): RG2006.

Huang N E, Wu Z H, Long S R, et al. 2009a. On instantaneous frequency [J]. Adv. Adapt. Data Anal., 1(2): 177-229.

Huang N E, Wu Z H, Pinzon J E, et al. 2009b. Reductions of noise and uncertainty in annual global surface temperature anomaly data [J]. Adv. Adapt. Data Anal., 1(3): 447-460.

Klinker E, Hou A Y, White G H. 1999. The legacy of COARE-98: Proc. Conf. on the TOG Acoupled Ocean-Atmosphere Response Experiment (COARE), Geneva, July 7-14,1988 [C], c1999.

Kubota M, Mitsumori S. 1997. Sensible heat flux estimated by using satellite data over the North Pacific [J]. COSPAR Colloquia Series, 8: 127-136.

Lenschow D H, Wyngaard J C, Pennell W T. 1980. Mean-field and second-moment budgets in a baroclinic, convective boundary layer [J]. Journal of Atmospheric and Oceanic Technology, 37: 1313-1326.

Li H F, Wang J L. 2012. Molding the dynamic system with memory-dependent derivative. 24th Chinese Control and Decision Conference (CCDC), Taiyuan, May, 23-25, 2012 [C]. IEEE Press, 10.1109/CCDC.2012.6244162.

Li H F, Wang J L, Li Z J. 2013. Application of ESMD Method to Air-Sea Flux Investigation [J/OL]. International Journal of Geosciences, 4: 8-11. http://dx.doi.org/ 10.4236/ijg. 2013.45B002.

Liu W T, Katsaros K B, Businger J A, et al. 1979. Bulk parameterization of air-sea exchanges of heat and water vapor including the molecular contribution at the interface [J]. Journal of Atmosphere Sciences, 36: 1722-1735.

Mahrt L, Vickers D, Drennan W M, et al. 2005. Displacement measurement errors from moving platforms [J]. Journal of Atmospheric and Oceanic Technology, 22(7): 860-868.

Mishura Y S. 2008. Stochastic Calculus for Fractional Brownian Motion and Related Processes [M]. Berlin: Springer-Verlag.

Moghtaderi A, Borgnat P, Flandrin P. 2011. Trend filtering: Empirical mode decompositions versus L1 and Hodrick-Prescott [J]. Adv. Adapt. Data Anal., 3(1, 2): 41-61.

Moghtaderi A, Flandrin P, Borgnat P. 2013. Trend filtering via empirical mode decompositions [J]. Computational Statistics and Data Analysis, 58: 114-126.

Montieth J L, Unsworth M H. 1990. Principles of Environmental Physics [M]. New York: Edward Arnold Publishers.

Moon I J, Hara T, Ginis I. 2004. Effect of surface waves on air-sea momentum exchange, part I: effect of mature and growing seas [J]. Journal of the atmospheric sciences, 61(19): 2321-2333.

Moyer K A, Weller R A. 1997. Observation of surface forcing from the subduction experiment: a comparison with global model products and climatological datasets [J]. J. Clmiate, 10: 2725-2742.

Munger J, Loescher H. 2005. Guidelines for making eddy covariance flux measurements [EB/OL]. http://public.ornl.gov/ameriflux/sops.html.

Nemitz E. 1998. Surface/atmosphere exchange of ammonia and chemically interacting species [D]. Ph. D. Thesis, UMIST, Manchester.

Oost W A, Fairall C W, Edson J B, et al. 1994. Flow distortion calculations and their application in hexmax [J]. Journal of Atmospheric and Oceanic Technology, 11(2), 366-386.

Pahlow M, Parlange M B. 2001. On Monin-Obukhov similarity in the stable atmospheric boundary layer [J]. Boundary-layer Meteorology, 99: 225-248.

Pedreros R, Dardier G, Dupuis H, et al. 2003. Momentum and heat fluxes via the eddy correlation method on the R/V L' Atalante and an ASIS buoy [J]. Journal of Geophysical Research, 108(C11): 1-13.

Rilling G, Flandrin P. 2008. One or two frequencies? The empirical mode decomposition answers [J]. IEEE Trans. Data Processing, 56(1): 85-95.

Rilling G, Flandrin P, Goncalves P. 2003. On empirical mode decomposition and its algorithms [C]. IEEE-EURASIP Workshop on Nonlinear Data and Image Processing-NSIP, 2003.

Rosenberg N J, Blad B L, Verma S B, et al. 1983. Microclimate: the Biological Environment [M]. New York: Wiley.

Sabatier J, Agrawal O P, Machado J A. 2007. Advances in Fractional Calculus: Theoretical Developments and Applications in Physics and Engineering [M]. Dordrecht, Netherlands: Springer -Verlag.

Sahlee E. 2002. The influence of waves on the heat exchange over sea [EB/OL]. www.geo.uu.se/luva/exarb/2002/erik.pdf.

Samko S G, Kilbas A A, Marichev O I. 1993. Fractional Integrals and Derivatives: Theory and Applications [M]. New York: Gordon and Breach.

Sjoblom A, Smedman A S. 2002. The turbulent kinetic energy budget in the marine atmospheric surface layer [J]. Journal of Geophysical Research-Oceans, 107(C10), Art. No.3142.

Sjoblom A, Smedman A S. 2004. Comparison between eddy-correlation and inertial dissipation methods in the marine atmospheric surface layer [J]. Boundary-layer Meteorology, 110 (2): 141-164.

Smith J S. 2005. The local mean decomposition and its application to EEG perception data [J]. Journal of the Royal Society Interface, 2: 443-454.

Smith S D. 1980. Wind stress and heat flux over the ocean in gale force wind [J]. J. Phys. Oceanog., 10: 709-726.

Soloviev A, Lukas R. 2006. The Near-Surface Layer of the Ocean, Structure, Dynamics and Applications [M]. Netherlands: Springer-Verlag.

Stull R B. 1988. An Introduction to Boundary Layer Meteorology [M]. Dordrecht, Boston, London: Kluwer Academic Publishers.

Taylor P K. 2000. Intercomparison and validation of ocean-atmosphere energy flux fields [C]. Joint WCRP/SCOR Working Group on Air Sea Fluxes.

Tomita H, Kubota M. 2005. Increase in turbulent heat flux during the 1990s over the Kuroshio/Oyashio extension region [J]. Geophysical Research Letters, 32(9): L09705.

Tsang L, Kong J A, Ding K H. 2000. Scattering of Electromagnetic Waves: Theories and Applications [M]. New York: John Wiley & Sons Inc.

Veron F, Melville W K, Lenain L. 2008. Wave-coherent air-sea heat flux [J]. Journal of Physical Oceanography, 38: 788-802.

Veron F, Melville W K, Lenain L. 2009. Measurements of ocean surface turbulence and wave-turbulence interactions [J]. Journal of Physical Oceanography, 39: 2310-2323.

Wang G, Chen X Y, Qiao F L, et al. 2010. On intrinsic mode function [J]. Adv. Adapt. Data Anal., 2(3): 277-293.

Wang J J, Song J B, Huang Y S, et al. 2013. Application of the Hilbert-Huang transform to the estimation of air-sea turbulent fluxes [J]. Boundary-Layer Meteorology, Boundary-Layer Meteorol, 2013, 147: 553-568.

Wang J L, Li H F. 2006. The weighted periodic function and its properties [J]. Dyn. Contin. Dis. Impul. Syst., 13(S3): 1179-1183.

Wang J L, Li H F. 2007. Asymptotic weighted-periodicity of the impulsive parabolic equation with time delay [J]. Acta Math. Appl. Sin., 23(1): 1-8.

Wang J L, Li H F. 2008. Concept of "asymptotic weighted periodicity" and its applications in impulsive dynamic systems [J]. Dynamics of Dynamics of Continuous Discrete and Impulsive Systems, Series A, 15(S1): 20-24.

Wang J L, Li H F. 2011. Surpassing the fractional derivative: Concept of the memory- dependent derivative [J]. Comput. Math. Appl., 62: 1562-1567.

Wang J L, Li Z J. 2012. What about the asymptotic behavior of the intrinsic mode functions as the sifting times tend to infinity [J]. Adv. Adapt. Data Anal., 4(1, 2): 1250008 (17pages).

Wang J L, Li Z J. 2013. Extreme-point symmetric mode decomposition method for data analysis [J]. Advances in Adaptive Data Analysis, 5(3): 1350015 (36pages). http://arxiv.org/abs/1303.6540.

Wang J L, Song J B. 2009. Modeling the vertical heat transport in the wave affected surface layer of the ocean [J]. Chinese Journal of Oceanology and Limnology, 27(2): 202-207.

Wang J L, Zhang G. 2006. Asymptotic weighted periodicity for delay differential equations [J]. Dyn. Syst. Appl., 15: 479-500.

Wang J L, Zhou L. 2003. Existemce and uniqeness of periodic solution of delayed

Logistic equation and its asymptotic behavior [J]. Journal of Partial Differential Equations, 16(4): 1-13.

Wang J L, Zhou L, Tang Y B. 2006. Asymptotic periodicity of a Food-Limited diffusive population model with time-delay [J]. Journal of Mathematical Analysis and Applications, 313: 381-399.

Wang J L, Zhou L, Tang Y B. 2008. Asymptotic periodicity of the Volterra equation with infinite delay [J]. Nonlinear Analysis, 68(2): 315-328.

Witting J. 1971. Effects of plane progressive irrotational waves on thermal boundary layers [J]. Journal of Fluid Mechanics, 50: 321-334.

Wu H T, Flandrin P, Daubechies I. 2011. One or two frequencies? The synchrosqueezing answers [J]. Adv. Adapt. Data Anal., 3(1,2): 29-39.

Wu Z H, Huang N E. 2005. Statistical significant test of intrinsic mode functions [M]// Huang N E, Shen S S P. Hilbert-Huang Transform: Introduction and Applications. Singapore: World Scientific: 125-148.

Wu Z H, Huang N E. 2009. Ensemble empirical mode decomposition: A noise assisted data analysis method [J]. Adv. Adapt. Data Anal., 1(1): 1-41.

Wu Z H, Huang N E. 2010. On the filtering properties of the empirical mode decomposition [J]. Adv. Adapt. Data Anal., 2(4): 397-414.

Wyrtki K. 1965. The average annual hea balance of the North Pacific Ocean and its relation to ocean circulation [J]. J. Geophys. Res., 70: 4547-4559.

Yelland M J, Taylor P K, Consterdine I E, et al. 1994. The use of the inertial dissipation technique for shipboard wind stress determination [J]. Journal of Atmospheric and Oceanic Technology, 11(4): 1093-1108.

Yu L S, Weller R A, Sun B M. 2004. Improving latent and sensible heat flux estimates for the Atlantic ocean (1988—99) by a synthesis approach [J]. Journal of Climate, 17(15): 373-393.

Yu Y J, Hu W, Tian X G. 2014. A novel generalized thermoelasticity model based on memory-dependent derivative [J]. International Journal of Engineering Science, 81: 123-134.

陈陡, 李诗明, 吕乃平, 等. 1997. TOGA-COAREIOP 期间的海气通量观测结果 [J]. 地球物理学报, 40(6): 753-762.

陈锦年. 1984. 冬春南海海气热量交换对长江中下游汛期降水的影响 [J]. 海洋湖沼通报, 2: 15-21.

陈锦年. 1986a. 黑潮区域海气热量交换对青岛汛期降水的影响 [J]. 海洋湖沼通报, 2: 8-14.

陈锦年. 1986b. 南海区域海面热量平衡特性及其对海温场的影响 [J]. 海洋湖沼通报, 1: 3-9.

陈锦年, 王宏娜, 吕心艳. 2006a. 南海区域海气热通量的变化特征分析 [J]. 水科学进展, 17(6).

陈锦年, 王宏娜, 吕心艳. 2007. 南海区域海气热通量的变化特征分析 [J]. 水科学进展, 18(3): 390-397.

陈锦年, 伍玉梅, 何宜军. 2006b. 中国近海海气热通量的反演 [J]. 海洋学报, 28(4), 1-10.

陈锦年, 张淮. 1987. 南海海气热量交换对大气环流及华南前汛期降水影响的分析 [J]. 海洋湖沼通报, 3: 28-33.

褚健婷, 陈锦年, 许兰英. 2006. 海气界面热通量算法的研究及在中国近海的应用 [J]. 海洋与湖沼, 37(6).

Daubechies I. 2011. 小波十讲 [M]. 李建平, 译. 北京: 国防工业出版社.

方欣华, 吴巍. 2002. 海洋随机资料分析 [M]. 青岛: 青岛海洋大学出版社.

官晟, 张杰, 王岩峰. 2004. 海气界面大气湍流通量传感系统设计 [J]. 海洋技术, 23(4): 10-21.

国家自然科学基金委员会. 2012. 未来 10 年中国学科发展战略: 数学 [M]. 北京: 科学出版社.

何崇佑. 1992. 概周期微分方程 [M]. 北京: 高等教育出版社.

蒋国荣, 何金海, 王东晓, 等. 2004. 南海夏季风爆发前后海 – 气界面热交换特征 [J]. 气象学报, 62(2): 189-199.

柯劳斯 E B. 1979. 大气和海洋的相互作用 [M]. 山东海洋学院海洋气象专业, 译. 北京: 科学出版社.

莱赫特曼. 1982. 大气边界层物理学 [M]. 濮培民, 译. 北京: 科学出版社.

刘本永. 2006. 非平稳信号分析导论 [M]. 北京: 国防工业出版社.

刘衍韫, 刘秦玉, 潘爱军. 2004. 太平洋海气界面净热通量的季节, 年际和年代际变化 [J]. 中国海洋大学学报, 34(3): 341-350.

门雅彬. 2004. 船基系统海气通量测量方法研究 [J]. 海洋技术, 23(3): 51-54.

南京工学院数学教研组工程数学. 1989. 积分变换 [M]. 北京: 高等教育出版社.

乔方利, 马建, 夏长水, 等. 2004. 波浪和潮流混合对黄海、东海夏季温度垂直结构的影响研究 [J]. 自然科学进展, 14(12): 1434-1441.

曲绍厚, 胡非, 李亚秋. 2000. SCSMEX 期间南海夏季风海气交换的主要特征 [J]. 气候与环境研究, 5(4): 441-444.

曲绍厚, 王赛. 1996. 西太平洋热带海域西风爆发过程湍流通量输送的某些特征 [J]. 大气科学, 20(2): 188-194.

邵庆秋, 周明煜. 1991. 洋面动量、感热和潜热通量计算的研究 [J]. 大气科学, 15(3): 9-17.

王金良. 2008. 关于海气通量的观测及其交换机制的研究 [D]. 中科院海洋研究所博士后工作报告.

王金良, 李慧凤. 2012. 基于极点对称模态分解的频率直接插值法计算软件 (简称 DI 频率计算软件): 中国, 计算机软件著作权登记, No.2012SR102181 [P]. 2012-10-30.

王金良, 李慧凤. 2015. 波浪以增大交换面积的方式影响海 – 气通量 [J]. 海洋科学, 39(1): 79-83.

王金良, 李宗军. 2012. 关于非线性信号处理的极点对称模态分解方法计算软件 (简称 ESMD 计算软件): 中国, 计算机软件著作权登记, No.2012SR052512 [P]. 2012-5-24.

王金良, 李宗军. 2014. 可用于气候数据分析的 ESMD 方法 [J]. 气候变化研究快报, 3: 1-5.

王金良, 宋金宝. 2009. 关于涡相关海气通量计算的资料处理技术 [J]. 海洋科学, 33(11): 1-5.

王金良, 宋金宝. 2011. 晃动平台上海 – 气通量观测误差矫正模型 [J]. 海洋科学, 35(12): 106-112.

王梓坤. 2013. 科学发现纵横谈 [M]. 北京: 中华书局.

文圣常, 余宙文. 1984. 海浪理论与计算原理 [M]. 北京: 科学出版社.

徐德伦, 王莉萍. 2011. 海洋随机数据分析 —— 原理, 方法与应用 [M]. 北京: 高等教育出版社.

闫俊岳. 1999. 中国邻海海 – 气热量、水汽通量计算和分析 [J]. 应用气象学报, 10(1): 9-19.

闫俊岳, 姚华栋, 李江龙, 等. 2000. 2000 年南海季风爆发前后西沙海域海 – 气热量交换特征 [J]. 海洋学报, 25(4): 18-28.

闫俊岳, 姚华栋, 王强, 等. 1999. 西沙海 – 气通量观测资料初步分析 [D]. 博士后出站报告, 北京: 气象出版社.

姚华栋, 任雪娟, 马开玉. 2003. 1998 年南海季风试验期间海 – 气通量的估算 [J]. 应用气象学报, 14(1): 87-92.

渊秀隆, 等. 1985. 物理海洋学 [M]. 刘玉林, 等, 译. 北京: 科学出版社.

曾凡涛. 2007. 基于海频谱的实时波浪模拟 [J]. 计算机仿真. 24(10): 195-199.

张德丰. 2009. MATLAB 小波分析 [M]. 北京: 机械工业出版社.

张兆顺, 崔桂香, 许春晓. 2008. 湍流大涡数值模拟的理论和应用 [M]. 北京: 清华大学出版社.

张子范, 李家春. 2001. 海气界面动量、热量及水汽交换系数的数值模拟 [J]. 水动力学研究与进展, 16(1): 119-129.

赵永平, 张必成, 井立才. 1983. 冬季东海黑潮海 – 气热量交换对长江中下游汛期降水的影响 [J]. 海洋与湖沼, 3: 56-62.

郑祖光, 刘莉红. 2010. 经验模态分解与小波分析及其应用 [M]. 北京: 气象出版社.

中国科学院海洋研究所气象组. 1979. 西北太平洋海面热量平衡图集 [M]. 北京: 科学出版社.

中国科学院海洋研究所气象组. 1984. 北太平洋西部逐月海气热量交换资料集 [M]. 北京: 科学出版社.

周明煜, 钱粉兰. 1998. 中国近海及其邻近海域海气热通量的模式计算 [J]. 海洋学报, 20(6): 21-30.